Innovationsorientierte Umweltpolitik bei komplexen Umweltproblemen

Wirtschaftswissenschaftliche Beiträge

Band 1
Christof Aignesberger
**Die Innovationsbörse als Instrument
zur Risikokapitalversorgung
innovativer mittelständischer
Unternehmen**
1987. 326 Seiten. Brosch. DM 69,-
ISBN 978-3-7908-0433-1

Band 2
Ulrike Neuerburg
Werbung im Privatfernsehen
- Selektionsmöglichkeiten des
privaten Fernsehens im Rahmen der
betrieblichen Kommunikations-
strategie -
1988. 302 Seiten. Brosch. DM 69,-
ISBN 978-3-7908-0433-1

Band 3
Joachim Peters
**Entwicklungsländerorientierte
Internationalisierung von
Industrieunternehmen**
- Eine theoretische und empirische
Analyse des Entscheidungsverhaltens
am Beispiel der deutschen
elektronischen Industrie -
1988. 165 Seiten. Brosch. DM 49,-
ISBN 978-3-7908-0433-1

Band 4
Günther Chaloupek
Joachim Lamel und Josef Richter (Hrsg.)
**Bevölkerungsrückgang und
Wirtschaft**
- Szenarien bis 2051 für
Österreich -
1988. 478 Seiten. Brosch. DM 98,-
ISBN 978-3-7908-0433-1

Band 5
Paul J. J. Welfens und
Leszek Balcerowicz (Hrsg.)
**Innovationsdynamik im
Systemvergleich**
- Theorie und Praxis unter-
nehmerischer, gesamtwirtschaft-
licher und politischer Neuerung -
1988. 466 Seiten. Brosch. DM 90,-
ISBN 978-3-7908-0433-1

Band 6
Klaus Fischer
Oligopolistische Marktprozesse
- Einsatz verschiedener Preis-Mengen-
Strategien unter Berücksichtigung von
Nachfrageträgheit -
1988. 169 Seiten. Brosch. DM 55,-
ISBN 978-3-7908-0433-1

Band 7
Michael Laker
**Das Mehrproduktunternehmen in einer
sich ändernden unsicheren Umwelt**
1988. 209 Seiten. Brosch. DM 58,-
ISBN 978-3-7908-0433-1

Band 8
Irmela von Bülow
**Systemgrenzen im Management
von Institutionen**
- Der Beitrag der Weichen System-
methodik zum Problembearbeiten -
1989. 278 Seiten. Brosch. DM 69,-
ISBN 978-3-7908-0433-1

Band 9
Heinz Neubauer
**Lebenswegorientierte Planung
technischer Systeme**
1989. 183 Seiten. Brosch. DM 55,-
ISBN 978-3-7908-0433-1

Band 10
Peter Michael Sälter
**Externe Effekte: „Marktversagen"
oder Systemmerkmal?**
1989. 196 Seiten. Brosch. DM 59,-
ISBN 978-3-7908-0433-1

Band 11
Peter Ockenfels
**Informationsbeschaffung auf
homogenen Oligopolmärkten**
- Eine spieltheoretische Analyse -
1989. 163 Seiten. Brosch. DM
ISBN 978-3-7908-0433-1

Band 12
Olaf Jacob
**Aufgabenintegrierte
Büroinformationssysteme**
- Allgemeines Datenmodell und
Probleme der Realisierung -
1989. 177 Seiten. Brosch. DM 55,-
ISBN 978-3-7908-0433-1

Johann Walter

Innovationsorientierte Umweltpolitik bei komplexen Umweltproblemen

Mit 14 Abbildungen

Physica-Verlag Heidelberg

Reihenherausgeber
Werner A. Müller

Autor
Dr. Johann Walter
Lehrstuhl für Volkswirtschaftstheorie
Universität Münster
Universitätsstraße 14-16
D-4400 Münster

ISBN 978-3-7908-0433-1   ISBN 978-3-642-51539-2 (eBook)
DOI 10.1007/978-3-642-51539-2

CIP-Titelaufnahme der Deutschen Bibliothek

Walter, Johann:
Innovationsorientierte Umweltpolitik bei komplexen
Umweltproblemen / Johann Walter. – Heidelberg: Physica-
Verl., 1989
(Wirtschaftswissenschaftliche Beiträge; Bd. 13)
Zugl.: Münster (Westfalen), Univ., Diss.

NE: GT

7120/7130-543210

Die hier veröffentlichte Schrift entstand als
Dissertation am Lehrstuhl für Volkswirtschaftstheorie
der Universität Münster. Ihr Verfasser wurde nach vier-
jähriger Tätigkeit als wissenschaftlicher Mitarbeiter
durch die Wirtschaftswissenschaftliche Fakultät dieser
Universität zum Dr.rer.pol. promoviert.

Gegenüber einer in der Literatur überwiegend anzu-
treffenden partiellen Sichtweise von umweltökonomischen
Problemen betont die Dissertation im Teil I die Notwendigkeit, die statischen und dynamischen Modelle der
Umweltallokation weiterzuentwickeln und die Umwelt als
komplexes, schwer zu überschauendes, schwierig zu
steuerndes dynamisches System zu begreifen. Lückenhafte
Informationen bezüglich Inzidenz, Diffusion, Inkubation, Schadstoffakkumulation, Synergieeffekten und
Irreversibilitäten im Umweltbereich und die grenz-
überschreitenden Wirkungszusammenhänge erfordern Strategien, die über die passive Anpassung durch Emissions-
verminderung hinausgehen, die vielmehr die aktive
Anpassung durch umwelttechnischen Fortschritt in den
Vordergrund stellen. Bei den umwelttechnischen
Neuerungen differenziert die Schrift zwischen additivem
und integiertem Fortschritt zur Reduzierung von
Emissionen, strukturellem Wandel zugunsten emissionsarmer Sektoren und Verfahrensfortschritt bei der
"Umweltreparatur". Mit Hilfe der Transaktionskosten-
theorie wird dargelegt, daß Fortschritt im Bereich
integrierter Technologie wegen längerer Kapitalbindung,
höherer Faktorspezifität und größerer Unsicherheit im
Nachteil gegenüber additiver Technologie ist. Dadurch
könne eine Entwicklung auf dem "falschen Ast" des
technologischen Stammbaums eintreten, die den Einsatz

staatlicher Lenkung zugunsten des Überwechselns auf den "richtigen Ast" nahelegt.

Von dieser Grundposition aus erörtert die Dissertation im Teil II wirtschaftspolitische Instrumente zur Bewältigung von Umweltproblemen. Auch die in der Literatur immer wieder behandelten Instrumente "Auflagen", Abgaben" und "Zertifikate" werden erneut diskutiert, wobei die Auflagen - wie üblich - ungünstig beurteilt werden, jedoch auch den Zertifikaten eine ungünstige Förderung der Entwicklung additiver Technologien zugesprochen wird. Nicht mit allen Sichtweisen und wirtschaftspolitischen Folgerungen mag der Leser einverstanden sein. Mit ihrem Bemühen, den Blickwinkel von den "einfachen" auf die "komplexen" Umweltprobleme zu erweitern und eine damit fällige Neubewertung umweltpolitischer Aktivitäten einzuleiten, wird die Schrift hoffentlich Aufmerksamkeit finden und die Diskussion fördern.

Prof.Dr.Dr.h.c. Jochen Schumann

<u>**INHALTSVERZEICHNIS**</u>

Abbildungsverzeichnis

Einleitung

Ungeachtet zunehmender Kenntnisse über die Funktions-
weise lebenswichtiger Ökosysteme und gestiegenen gesellschaftlichen und staatlichen Engagements für den
Umweltschutz steht die Menschheit heute vor Umweltproblemen anhaltend hoher und noch steigender Dringlichkeit.

Nachteilige Veränderungen der den menschlichen Lebens-
raum umfassenden natürlichen Gegebenheiten (natürliche
Umwelt) betreffen sämtliche Umweltmedien, d.h. Luft,
Wasser, Boden, Tier- und Pflanzenwelt.

Während jedoch "einfache" (z.B. lokale) Umweltprobleme
durch verstärkte Umweltschutzaktivitäten oft entschärft
werden konnten (Rückkehr von Fischpopulationen in Rhein
und Themse, "blauer Himmel" über der Ruhr), verschlim-
mern sich "komplexe" Umweltprobleme stetig.

Im Unterschied zum Hayekschen allgemeinen Verständnis
von Komplexität (der Grad der Komplexität eines betrachteten Systems steigt mit der Zahl der System-
variablen und der zwischen ihnen bestehenden Ver-
knüpfungen)[1] sei der Begriff der Komplexität hier in
einem spezifisch umweltbezogenen Sinne gebraucht: Als
komplex, d.h. schwer zu verstehen und schwierig zu
steuern, seien Umweltprobleme mit zugleich hoher räumlicher und zeitlicher Ausdehnung und (teilweise) unbekannten und "medienübergreifenden" Schädigungszusammen-
hängen bezeichnet[2].

---

[1] Vgl. v.Hayek (1972), S. 12ff.

[2] Kuhl (1987, S. 27) spricht in ähnlichem Zusammenhang
     von der Komplexität der Wahl optimaler staatlicher
     Eingriffe. Eine genauere Begriffsbestimmung erfolgt
     an späterer Stelle (vgl. Abschnitt I.C.5).

Beispiele für fortschreitende komplexe Umweltprobleme sind das weltweite Wüstenwachstum, die steigende Schadstoffbelastung der Weltmeere und insbesondere die zunehmende Instabilität der "Atmosphärenchemie", welche sich schneller als je zuvor in der Geschichte der Menschheit ändert. Typisch ist das Problem der Erderwärmung durch den sogenannten "Treibhauseffekt"[3]: Einige im Zuge menschlicher Wirtschaftsaktivität in die Erdatmosphäre emittierte Spurengase (neben Kohlendioxid z.B. auch Methan und mehrere zugleich die Ozonschicht gefährdende Kohlenwasserstoffe) behindern dort die Wärmeabstrahlung der vom Sonnenlicht aufgeheizten Erde in den Weltraum. Da zwischen der Emission dieser Gase auf der Erde und deren Eintreffen in der Atmosphäre beträchtliche Zeiträume liegen können und die Gase sich oft nur langsam in klimatisch inaktive Substanzen umwandeln, ist heute die Stabilisierung der chemischen Zusammensetzung der Atmosphäre kaum noch erreichbar. Angesichts der jahrzehntelangen Emission wärmeisolierender Spurengase wird z.B. eine Stabilisierung der mittleren Erdtemperatur auf dem heutigen Niveau von 15° nicht mehr für möglich gehalten (wenngleich sich die Geschwindigkeit der Erwärmung nur schwer abschätzen läßt)[4].

Die Schwierigkeiten umweltpolitischer Steuerung menschlicher Wirtschaftsaktivität sind vor diesem Hintergrund leicht ersichtlich und finden auch in der wachsenden Zahl von Publikationen zur Umweltökonomie

---

[3] Vgl. Deutsche Physikalische Gesellschaft, Arbeitskreis Energie (1986).

[4] Eine im Auftrag der Environmental Protection Agency (der obersten amerikanischen Umweltbehörde) erstellte Studie (Seidel, Keyes, 1983) trägt den bezeichnenden Titel: "Can we Delay a Greenhouse Warming?" (Fettdruck vom Autor hinzugefügt, J.W.).

als ökonomischer Teildisziplin zur Vorbereitung umweltpolitischer Entscheidungen ihren Niederschlag[5].

Das Forschungsprogramm der Umweltökonomie enthält eine
"Hierarchie" ökonomischer Fragestellungen zu den soeben
beschriebenen ökologischen Problemen[6]. Die Umweltökonomie untersucht zunächst die Zusammenhänge zwischen
natürlicher Umwelt und Wirtschaftsaktivität (Ebene 1),
diskutiert dann umweltpolitische Zielsysteme und Konzeptionen (Ebene 2) und beurteilt schließlich die Eignung umweltpolitischer Instrumente hinsichtlich der
formulierten Ziele und Konzeptionen (Ebene 3).

Schreitet die naturwissenschaftliche Erkenntnis über
Umweltprobleme fort, ist demgemäß ein zuvor akzeptier-
tes umweltökonomisches "Aussagengebäude" auf allen
genannten Ebenen zu überprüfen. In Perioden des Über-
gangs ist eine entsprechende Reform der Theorie auf ei-
nigen, aber noch nicht auf allen Ebenen erfolgt.

Ausgangsthese dieser Arbeit ist die Behauptung, daß
sich die Umweltökonomie angesichts komplexer Umweltprobleme in einer solchen Übergangsphase befindet. Zum
Beleg sei - als "Momentaufnahme" des aktuellen umweltökonomischen Forschungsstandes - die Gliederung der Monographie von Siebert (Siebert, 1987b) betrachtet[7].

---

[5] Möller, Osterkamp und Schneider haben schon 1981 ein
     Taschenbuch zur Umweltökonomie mit einer Bibliogra-
     phie von über 900 Titeln herausgebracht. Einen Über-
     blick über den Forschungsstand der Umweltökonomie
     geben Siebert (1987b), Endres (1985) und Wicke
     (1982) sowie Fisher, Peterson (1976), Baumol, Oates
     (1975 und 1979).

[6] Vgl. Osterkamp, Schneider (1982), S. 6ff. für eine
     Beschreibung umweltökonomischer Forschungsaufgaben.
     Einen weiter gefaßten (sozialwissenschaftlichen)
     Forschungskatalog präsentieren Dierkes, Hansmeyer
     (1985).

[7] Siebert zählt zumindest im deutschsprachigen Raum zu
     den führenden Umweltökonomen (in der genannten Mono-
     graphie gibt er allein 45 eigene Quellen zur Umwelt-
     ökonomie an!).

Siebert gliedert seine Ausführungen in die Teile: Einführung, statischer Allokationsaspekt, umweltpolitische Instrumente, Umweltallokation im Raum und Umweltallokation in der Zeit und unter Unsicherheit. Gemäß der angesprochenen Struktur des umweltökonomischen Forschungsprogramms sollte an sich die Analyse umweltpolitischer Instrumente den Schlußpunkt der Ausführungen bilden. An der Tatsache, daß Siebert noch zwei eher problembeschreibende Teile folgen läßt, die eigentlich vorgelagerten Ebenen des Forschungsprogramms zuzuordnen sind, läßt sich die umweltökonomische Übergangsphase erkennen: Die vollständige Aufarbeitung der in den Schlußteilen angesprochenen Aspekte der länderübergreifenden Ausdehnung ("Globalität"), der Zeitstruktur und der Unsicherheit von Umweltproblemen ist noch zu leisten.

In der vorliegenden Arbeit wird der Versuch unternommen, eine umweltpolitische Konzeption für komplexe Umweltprobleme zu formulieren und das in der Literatur überwiegend diskutierte umweltpolitische Instrumentarium im Rahmen dieser Konzeption neu zu beurteilen.

Der Aufbau der Arbeit orientiert sich an der beschriebenen "Mehrebenenstruktur" des umweltökonomischen Forschungsprogramms: Im ersten Teil werden Zusammenhänge zwischen ökonomischen und ökologischen Systemen und umweltpolitische Zielsysteme analysiert. Die Umwelt wird, so der umweltökonomische "Grundkonsens", als knappe Ressource interpretiert, bei deren (näher zu bestimmender) optimaler Allokation der Markt versagt. Die Vorgabe einer optimalen Umweltallokation als umweltpolitisches Ziel erweist sich jedoch angesichts komplexer Umweltprobleme als problematisch. Die explizite Berücksichtigung von Unsicherheit und Globalität von Umweltproblemen sowie von umwelttechnologischer Dynamik erschwert die Bestimmung umweltbezogener Allokationsoptima. Als Ergänzung emissionsmengenbezogener umweltpolitischer Zielsetzung wird die Vorgabe von Umweltzielen vorgeschlagen, die sich direkt auf die umwelttechnologische Dynamik beziehen.

Im zweiten Teil der Arbeit wird durch vergleichende Gegenüberstellung je einer umweltpolitischen Konzeption für die Bewältigung einfacher Umweltprobleme und für die Bewältigung komplexer Umweltprobleme die Bedeutung der grundsätzlichen Problemorientierung für die konkrete Umweltpolitik untersucht. Zentrale Unterschiede der Konzeptionen bestehen hinsichtlich der geforderten Rolle des Staates im Umweltbereich und bezüglich des präferierten umweltpolitischen Instrumentariums.

Als Ergebnis der Arbeit ist festzustellen, daß der angesichts der Komplexität von Umweltproblemen für erforderlich gehaltene Wechsel des umweltpolitischen "Blickwinkels" einen erheblichen Einfluß auf die Beurteilung konkreter Umweltpolitik ausübt. Es zeigt sich z.B., daß "marktwirtschaftliche Konzepte im Umweltschutz"[8] angesichts komplexer Umweltprobleme um Elemente "aktiver" Umweltpolitik ergänzt werden sollten. Insbesondere wird für eine stärkere Beachtung der Bedeutung umwelttechnischer Dynamik plädiert.

---

[8] Vgl. die gleichnamige Monographie von Bonus (1984a).

I. Theoretische Analyse von Umweltproblemen

A. Grundstruktur, Ursache und Therapie umweltökonomischer Allokationsprobleme

1. Grundstruktur der Umweltnutzung

Ausgangspunkt jeder ökonomischen Auseinandersetzung mit Umweltproblemen ist die Analyse der Beziehungen zwischen dem ökologischen und dem ökonomischen System, insbesondere die Ermittlung der ökonomischen Funktionen der natürlichen Umwelt im Wirtschaftsprozeß.

Ein diesbezüglich bedeutender Beitrag war zu Beginn der intensiven Umweltdiskussion der von Kneese und Mitarbeitern am Institut "Resources for the Future" entwickelte "Materials Balance Approach", der die Beziehung zwischen Wirtschaft und Umwelt in einem System von Lieferbeziehungen als Materialströme deutet[1]. Damit wird die sogenannte free-disposal-Annahme (Reststoffe wirtschaftlicher Aktivitäten "verschwinden" im ökologischen System bzw. werden von diesem kosten- und folgenlos in vollem Umfang absorbiert) zugunsten der Vorstellung eines geschlossenen ökonomisch-ökologischen Kreislaufsystems ("Raumschiff Erde"[2]) aufgegeben. Vereinfacht lassen sich die Zusammenhänge an Abb.1 verdeutlichen:

---

[1] Vgl. z.B. Ayres, Kneese (1969), S. 282-297, ausführlich: Kneese, Ayres, D'Arge (1970).

[2] Dieses plastische Bild geht auf Boulding (1971) zurück.

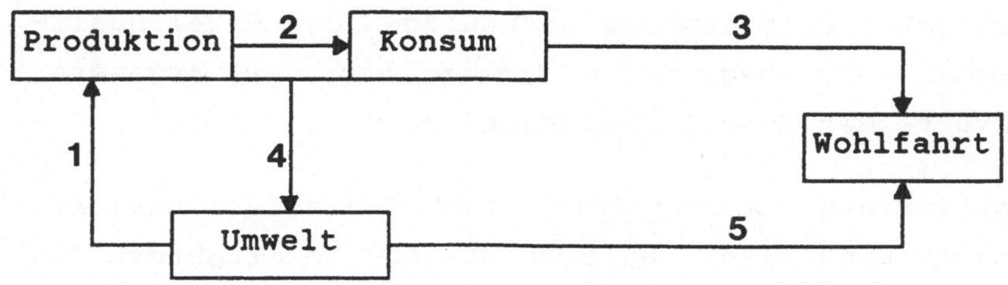

Abb.1: Verflechtung von Umwelt und Wirtschaft[3]

Die Umwelt liefert dem ökonomischen System Rohstoffe als Input für die Produktion von Gütern, welche direkt oder mittelbar über weitere Produktionsstufen dem Konsum dienen (Pfeile 1 und 2). Der Konsum produzierter Güter ("materieller Konsum") stiftet Nutzen (Pfeil 3). Außerdem stellt die Umwelt kostenlose Umweltdienste bereit. Diese bestehen einerseits in der Stabilisierung eines biologisch-chemischen "Milieus", welches menschliches Leben überhaupt erst ermöglicht (life support services), andererseits in zusätzlichen Annehmlichkeiten wie Schönheit und Erholungswert der Natur (amenity services)[4]. Auch die Inanspruchnahme dieser natürlich bereitgestellten Dienste ("immaterieller Konsum") stiftet - in Abhängigkeit von der Qualität dieser Dienste ("Umweltqualität") - Nutzen (Pfeil 5). Auf der anderen Seite liefert das ökonomische System Rückstände (Emissionen) an die Umwelt (Pfeil 4)[5], die von der Umwelt absorbiert ("verdaut") werden. Rohstoffentnahme

---

[3] Ähnliche Darstellungen finden sich z.B. bei Siebert (1987a), S. 4 und Wicke (1982), S. 7.

[4] Vgl. hierzu z.B. Buck (1983) S. 37ff. und Siebert (1987b) Kap.2.

[5] Solche Rückstände treten bei produktiven und konsumtiven Aktivitäten auf (vgl. Abb.1). Im Rahmen dieser Arbeit seien nur Emissionen bei produktiven Aktivitäten betrachtet. Diese Einschränkung berührt die Allgemeinheit der folgenden Ausführungen nicht.

und Schadstoffemission beeinträchtigen die Umweltqualität, sobald die begrenzten Absorptions- und Regenerationskräfte der Umwelt überlastet werden.

Rohstoffvorräte, Absorptions- und Regenerationskräfte
der Umwelt sind also, obgleich oft von Umweltgütern die
Rede ist[6], als Umweltfaktoren (d.h. als Bestandsgrößen)
zu interpretieren. Während die Nutzung der Umwelt als
Rohstoffvorrat oder als Aufnahmemedium von Schadstoffen
als bestandsvermindernde Inanspruchnahme dieser Umweltfaktoren ("Kapitalverzehr") zu deuten ist, kann die
Nutzung der Umwelt als Lieferant kostenloser Umweltdienste als Konsum einer von den Umweltfaktoren bereitgestellten ewigen Rente aufgefaßt werden. Die mögliche
Beeinträchtigung der Umweltqualität durch Schadstoffemissionen[7] zeigt, daß nicht alle Ansprüche an die Nutzung der Umweltfaktoren zugleich befriedigt werden können. Bei steigenden Anprüchen erhöht sich die Knappheit
der natürlichen Absorptions- und Regenerationskräfte[8],
die genannten Nutzungen "konkurrieren".

2. Ursache übermäßiger Inanspruchnahme von Umwelt-
faktoren

Könnte das Recht zur (bestandsvermindernden) Inanspruchnahme der genannten Umweltfaktoren als privates
Gut dem Knappheitskalkül des Marktes unterworfen werden, würde ein Marktpreis deren Knappheit korrekt an-
zeigen. Jeder Nachfrager vergliche seine individuelle
Zahlungsbereitschaft mit diesem Marktpreis, der sich im

---

[6] So bezeichnet z.B. Siebert (1987b, S. 151) die Erd-
     atmosphäre als globales und das Mittelmeer als
     internationales Umweltgut.

[7] Im Rahmen dieser Arbeit wird die Nutzung der Umwelt
     als Rohstoffvorrat, wenn nicht ausdrücklich anders
     vermerkt, vernachlässigt.

[8] Die reine Aufnahme- bzw. Lagerkapazität der Umwelt
     für Schadstoffe ist dagegen unbegrenzt. Vgl. für
     diese begriffliche Unterscheidung Buck (1983), S.
     41.

Gleichgewicht so einstellte, daß die Nachfrage das durch den Bestand an Umweltfaktoren vorgegebene "Umweltangebot" nicht übersteigt. Nur Nachfrager, deren offenbarte Zahlungsbereitschaft diesen Preis nicht unterschritte, würden zum Zuge kommen. Die Bedürfnisse nach Inanspruchnahme der Umweltfaktoren würden somit in richtiger Höhe und in der Reihenfolge ihrer Dringlichkeit befriedigt[9], die Allokation von Umweltfaktoren bzw. deren Nutzung wäre optimal.

Tatsächlich haben viele natürliche Umweltfaktoren aber Eigenschaften öffentlicher Güter. Sowohl deren direkte Inanspruchnahme als auch die Nutzung der von ihnen bereitgestellten Umweltdienste ist kostenlos möglich.

Der für das Umweltproblem zentrale "öffentliche" Aspekt[10] besteht in der Schwierigkeit des Ausschlusses von der Inanspruchnahme natürlicher Umweltfaktoren. Diese Ausschlußprobleme verhindern, daß an Umweltfaktoren privates Eigentum gebildet werden kann und sich für deren Inanspruchnahme Preise bilden. Kein Umweltnutzer bezahlt etwas für ein Gut, in dessen Genuß er ohnehin und kostenlos gelangt. Das Fehlen eines positiven Preises für Umweltnutzungen wird von den Umweltnutzern fälschlicherweise als Signal dafür aufgefaßt, daß Umweltfaktoren im Überfluß vorhanden und ohne volkswirtschaftliche Opportunitätskosten nutzbar sind. Die resultierende übermäßige Inanspruchnahme mindert tatsächlich aber den Bestand an Umweltfaktoren, vergrößert deren Knappheit und senkt dadurch die Umweltqualität, d.h. die Qualität der bereitgestellten Umweltdienste. Diese Übernutzung ist aufgrund des

---

[9]   Letzteres gilt strenggenommen nur, wenn von der Zahlungsbereitschaft direkt auf die Bedürfnisintensität geschlossen werden kann, unterschiedliche Zahlungsfähigkeit also nicht "stört" (vgl. Kapp, 1972, S. 241).

[10] Vgl. zum Begriff des öffentlichen Gutes die Diskussion bei Weimann (1987), S. 263ff.

"Gefangenendilemmas", in dem sich alle Umweltnutzer befinden[11], von diesen individuell kaum zu vermeiden: Obwohl eine von allen Beteiligten als zu gering empfundene Umweltqualität zustandekommt, ist ein individueller Verzicht auf die kostenlose Inanspruchnahme der Umweltfaktoren wegen des erwähnten "Nulltarifs" nicht lohnend.[12]

Individuen können somit das Niveau des immateriellen Konsums nicht autonom wählen. Der individuelle Nutzen aus immateriellem Konsum (Niveau der Umweltqualität) ist kollektiv festgelegt. Die Umweltqualität hängt von **sämtlichen** Umweltnutzungsentscheidungen ab und fällt bei allen Umweltnutzern gleichermaßen an. Übermäßig genutzte Umweltfaktoren übertragen im Wege sinkender Qualität der abgegebenen Umweltdienste negative externe Effekte (nicht marktmäßig abgegoltene Wirkungen von Wirtschaftsaktivitäten) vom Urheber auf den betroffenen Empfänger[13]. "Übernutzt" z.B. eine Firma kostenlos die Aufnahmefähigkeit eines Gewässers für Schadstoffe, so wird dieses anderen Verwendungen durch andere Wirtschaftseinheiten (z.B. Fischerei oder Erholung) entzogen.

Unterschreitet also der "Marktpreis" der Inanspruchnahme von Umweltfaktoren dessen wahren Knappheitspreis

---

[11] Jeder einzelne stimmt der Verallgemeinerung einer Handlungsmaxime zu, wenn sich alle anderen an die Regel halten, bricht aber die Regel, wenn er glaubt, er bleibe der einzige Regelbefolgende (Zimmermann, 1984, S. 5). "Gefangene" können die Regelbefolgung Anderer nicht überprüfen und brechen daher die Regel, obwohl dieser Regelverstoß zu einem von keinem gewünschten Ergebnis führt.

[12] Informationsprobleme (z.B. lückenhafte Kenntnisse über die tatsächliche Schadenswirkung von Emissionen in ökologischen Systemen können als weitere Ursache der Übernutzung von Umweltgütern angesehen werden. Vgl. Bonus (1986b), S. 48.

[13] Zur Verwandtschaft der Konzepte öffentlicher Güter und externer Effekte vgl. Siebert (1978), S. 18f.

("Schattenpreis"), so überträgt der Markt falsche Knappheitssignale und bewirkt eine Fehllenkung von Wirtschaftsaktivitäten. Der Nulltarif der Umweltnutzung ist falsch; es ist somit nach Wegen zu suchen, den verborgenen Schattenpreisen der Nutzung von Umweltfaktoren zu Gültigkeit und "Allokationswirkung" zu verhelfen.

3. Korrektur der Umweltnutzung

Grundsätzlich stellt sich die Frage nach entsprechender Korrektur der Umweltnutzung durch staatliche Eingriffe. Bezüglich deren Notwendigkeit und Rechtfertigung existieren zwei gegensätzliche Positionen.

Vertreter der ersten Position bezweifeln die Berechtigung prozeßpolitischer staatlicher Eingriffe und behaupten die Optimalität des umweltpolitischen Laissez-faire-Zustandes, in dem grundsätzlich das Recht zum Absenden externer Umwelteffekte und die Pflicht zu deren Duldung besteht[14]. In Anlehnung an den grundlegenden Beitrag von Coase[15] wird argumentiert, daß bei hinreichend klar definierten Umweltnutzungsrechten (deren Spezifikation allerdings eine - ordnungspolitische - Staatsaufgabe ist)[16] Verhandlungen über das Niveau externer über die Umweltfaktoren fortgepflanzter Effekte lohnen können, in deren Verlauf ein paretooptimales Aktivitätsniveau gefunden und durch "sidepayments" realisiert wird. In diesem Pareto-Optimum ist keine Änderung des Aktivitätsniveaus mehr möglich, die einen Beteiligten ohne gleichzeitige Nutzeneinbuße mindestens eines anderen Verhandlungspartners besser stellen würde. Dieses Aktivitätsniveau wird bei Abwesenheit von Transaktionskosten unabhängig von der Rechtsausgestaltung erreicht (Invarianzthese). Der um-

---

[14] Vgl. z.B. Wegehenkel (1981a), S. 143ff. und (1981b), S. 236ff.

[15] Vgl. Coase (1960).

[16] Vgl. Wegehenkel (1981a), S. 114ff.

weltpolitische Laissez-faire-Zustand ist daher optimal.
Anders als von Pigou (1932) und Kapp (1972) gefordert,
ist kein korrigierender prozeßpolitischer Staats-
eingriff erforderlich bzw. erwünscht. Mit Verweis auf
die (auch ethisch) symmetrische Natur von Externalitäten werden die Verursacher externer Effekte bei
dieser Argumentation nicht einseitig mit deren
physischen Urhebern gleichgesetzt; Absender und Empfänger externer Effekte sind vielmehr gleichermaßen Nutzer
knapper Umweltfaktoren, welche die externen Effekte
übertragen, und somit gleichermaßen Verursacher von
Knappheitsfolgen[17].

Die beschriebenen Verhandlungen unterbleiben freilich,
wenn die Verhandlungs(transaktions)kosten den durch sie
insgesamt erreichbaren Nutzenzuwachs überschreiten. Ab-
strahierte Coase noch von der Existenz von Transaktionskosten, so erweiterte Demsetz[18] die Argumentation auf Situationen mit Transaktionskosten. Selbst
wenn Verhandlungen über das Ausmaß externer Effekte wegen hoher Transaktionskosten nicht zustandekommen,
kann, so die Argumentation, das ungehinderte Aussenden
externer Effekte im Laissez-faire-Zustand nicht als
suboptimal angesehen werden. Offenbar ist das Unterlassen solcher Verhandlungen und das ungehinderte Aussenden externer Effekte dann im privaten Interesse
aller Beteiligten und daher gesellschaftlich optimal[19].

Gefordert werden allerdings ordnungspolitische Entscheidungen des Staates im Bereich der Gestaltung von
Nutzungsrechten, um die privaten Verhandlungen über

---

[17] Vgl. Bonus (1986c).

[18] Vgl. Demsetz (1967), S. 347ff.

[19] Meixner (1980), S. 58 zitiert Samuels (1974), welcher das Ergebnis dieser Argumentation als "optima-
lity of doing nothing" zusammenfaßt: "whatever is
is, and moreover should be or else it would be dif-
ferent".

- 13 -

externe Effekte zu erleichtern. So ermöglichte die
Spezifikation und Zuteilung exklusiver Nutzungsrechte
an einer zuvor wegen unterschiedlicher Zurechenbarkeit
von Nutzungskosten und -erträgen übernutzten Allmende-
wiese Verhandlungen über das Niveau der externen
Effekte und senkte deren Ausmaß.[20]

Diese - liberale - Position ist in der Literatur umstritten[21]. Geeignete Nutzungsrechte lassen sich nur
für Nutzungen, die nicht die Grenzen ökologischer
Teilsysteme (z.B. Binnenseen) sprengen, nicht aber bei
"länderübergreifender" Nutzung internationaler Umweltfaktoren definieren und durchsetzen. Die Vernachlässigung von Transaktionskosten scheint zudem
angesichts der üblicherweise großen Zahl der von
zunehmender Umweltbelastung Betroffenen höchst unrealistisch zu sein. Existieren jedoch Transaktionskosten, so ist die Invarianzthese des Coase-Theorems
nicht zu halten, da die Verhandlungen möglicherweise
gar nicht zustandekommen oder schon vor der Einigung
auf das optimale Niveau externer Effekte abgebrochen
werden. In der Regel führt eine Rechtsausgestaltung
zugunsten der Absender zu einem höheren Niveau externer
Effekte als eine Rechtsausgestaltung zugunsten der
Empfänger, ersteres muß nicht a priori optimal sein[22].

Wird die These von der Optimalität des umweltpolitischen Laissez-faire-Zustandes zurückgewiesen, so sind
bezüglich der Nutzung von Umweltfaktoren korrigierende

---

[20] Vgl. die Beschreibung bei Meyer (1983), S. 4f.

[21] Einen Überblick über die Diskussion des Coase-Theorems geben z.B. Endres (1977) und Wegehenkel (1980),
kritisch Mishan (1971) und Cansier (1981), S. 182ff.
Vgl. auch die im Anschluß an einen in der Coase-
Argumentation gehaltenen Beitrag von Bonus im "Wirtschaftsdienst" ausgetragene Debatte (Bonus (1986c),
Brösse (1986), Schmitt, Scheele (1986)).

[22] Vgl. Mishan (1971).

staatliche Eingriffe gerechtfertigt (interventionistische Position)[23].

Im folgenden sei nach den Zielen derartiger staatlicher Eingriffe gefragt, indem die optimale Allokation von Umweltfaktoren näher untersucht wird[24]. Die Beurteilung dieser (überwiegend für einfache Umweltprobleme formulierte) Methode umweltökonomischer Zielbildung erfordert die Auseinandersetzung mit umweltbezogenen Allokationsmodellen, in denen üblicherweise die Lösung von Umweltallokationsproblemen gelingt und die (daher) als theoretische Grundlage umweltbezogener Zielbildung dienen. Die Beurteilung bezieht sich im Rahmen dieser Arbeit vorwiegend auf die Übertragbarkeit dieser Methode umweltpolitischer Zielbildung auf komplexe Umweltprobleme.

---

[23] Steht allerdings dem Marktversagen bei der Allokation öffentlicher Güter ein vergleichbares Staatsversagen gegenüber, so ist dessen (einseitige) Vernachlässigung mit Demsetz (1964) als "Nirwana-Ansatz" zu bezeichnen.

[24] Flassbeck und Maier-Rigaud (1982, S. 34) charakterisieren die Rolle der Umweltökonomie bei der Suche nach dem Umweltallokationsoptimum wie folgt: "Umweltökonomen sehen ihre Aufgabe darin, den Politikern konkret zu sagen, wo dieses Optimum liegt und wie es erreicht werden kann" und (ebenda, S. 36): "die Umweltökonomik erhebt damit den normativen Anspruch der wissenschaftlichen Begründung umweltpolitischer Ziele".

B. Ermittlung optimaler Umweltnutzung

Die Herleitung umweltpolitischer Ziele erfolge auf einer fiktiven "gesamtwirtschaftlichen" Entscheidungsebene. Die Logik des Allokationsproblems ist aber auf andere (z.B. regionale oder internationale) Entscheidungsebenen übertragbar.

1. Statisch optimale Umweltallokation

Betrachtet sei eine sehr einfache, ökonomisch und ökologisch geschlossene Volkswirtschaft (kein Außenhandel, kein grenzüberschreitender Schadstofftransfer) mit einem gegebenen Bestand einer einzigen produktiven und völlig mobilen Ressource (R), die in J unterschiedlichen Produktionsprozessen ("Sektoren") zur Produktion der Konsumgüter C_J eingesetzt werden kann[1]. Eine zur produktiven Verwendung alternative Ressourcenverwendung (z.B. in der nachträglichen Beseitigung emittierter Schadstoffe oder in Forschung und Entwicklung neuer umweltfreundlicher Technologien) sei nicht bekannt, es handelt sich um eine "ökologisch starre" Volkswirtschaft.

a) Grundmodell[2]

Die Produktionsseite dieser Modellwirtschaft sei durch J Produktionsfunktionen

$$(1) \quad C_J = f_{cJ}(R_J) \ , \quad f'_{cJ} > 0^3, \qquad\qquad j = 1,\ldots,J$$

und durch die "Ressourcenrestriktion"

---

[1] Von weitergehenden Problemen bei Einsatz mehrerer Faktoren (vgl. dazu Siebert, 1987b, S. 112) und bei wachsenden Faktorbeständen sei hier - aus Vereinfachungsgründen - ebenfalls abstrahiert.

[2] Vgl. zum folgenden Siebert (1987b), Kap. 3.

[3] Eine nähere Spezifikation der Gestalt dieser Produktionsfunktionen ist für die Argumentation nicht erforderlich.

$$(2) \quad R \geq \sum_j R_j$$

beschrieben. Als unerwünschtes Kuppelprodukt der Produktion entstehen Schadstoffe S_j gemäß den J Emissionsfunktionen

$$(3) \quad S_j = f_{s_j}(C_j) \quad , \quad f'_{s_j} > 0^4, \qquad j = 1,\ldots,J.$$

Sie beeinträchtigen - in die Umwelt emittiert - die Umweltqualität Q entsprechend der Schadensfunktion

$$(4) \quad Q = Q(S_j), \quad \delta Q/\delta S_j < 0 \text{ und } \delta^2 Q/\delta S_j{}^2 > 0$$
$$\text{für alle j aus } J^5.$$

Wäre ausschließlich der materielle Konsum nutzenstiftend, so ergäbe sich die optimale Allokation des Ressourcenbestandes R durch Maximierung einer Wohlfahrtsfunktion, in der nur das "traditionelle" Güterbündel C_j als Argumentvariable erscheint, unter den Nebenbedingungen (1) und (2).

Staatliche Umweltpolitik hat jedoch auch die nutzenstiftende Eigenschaft des immateriellen Konsums der Umweltqualität Q zu berücksichtigen. Die Zielvorstellung einer umweltbezogen "aufgeklärten" zentralen Planungsinstanz der betrachteten Volkswirtschaft besteht dann in der Realisierung derjenigen Ressourcen- und Umweltallokation, welche eine gesellschaftliche Wohlfahrtsfunktion des Typs

$$(5) \quad W = W(Q,C_j) \quad , \quad \delta W/\delta Q, \; \delta W/\delta C_j > 0$$

---

[4] Die Schadstoffe sind in Gewichtseinheiten definiert (Idee des Materialbilanzansatzes).

[5] Beziehung (4) läßt auch zu, daß die Umweltschädlichkeit emittierter Schadstoffe sektoral differiert ($\delta Q/\delta S_1 \neq \delta Q/\delta S_2$). Formulierung und Gestalt der gewählten Schadensfunktion enthalten insgesamt zentrale Annahmen über ökologische Zusammenhänge, auf die noch einzugehen ist.

unter den Nebenbedingungen (1) bis (4) maximiert[6].
Formal ergibt sich für die betrachtete Instanz das
Optimierungsproblem:

$$\max_{R_j} L = W(Q, C_j) - \sum_j \mu_{1j}(C_j - f_{cj}(R_j)) - \mu_2(\sum_j R_j - R)$$
$$- \sum_j \mu_{3j}(S_j - f_{sj}(C_j)) - \mu_4(Q - Q(S_j)).$$

Das Optimum läßt sich durch folgende Bedingungen erster
Ordnung beschreiben[7] (Bedingungen zweiter Ordnung werden nicht betrachtet):

(i) $\quad \delta L/\delta C_j = \delta W/\delta C_j - \mu_{1j} + \mu_{3j} \cdot f'_{sj} = 0, \quad j = 1,\ldots,J,$

(ii) $\quad \delta L/\delta Q = \delta W/\delta Q - \mu_4 = 0,$

(iii) $\quad \delta L/\delta R_j = \mu_{1j} \cdot f'_{cj} - \mu_2 = 0, \qquad\qquad j = 1,\ldots,J,$

(iv) $\quad \delta L/\delta S_j = -\mu_{3j} + \mu_4 \cdot \delta Q/\delta S_j = 0, \qquad j = 1,\ldots,J.$

Die Lagrangemultiplikatoren geben den Zielfunktions-
beitrag (den "wahren" Wert) der Lockerung der jeweiligen Restriktion um eine Einheit an. μ_{1j} kann somit als
Schattenpreis einer zusätzlichen Einheit des Konsum-
gutes C_j, μ_2 als Schattenpreis einer zusätzlich in der
Volkswirtschaft verfügbaren Ressourceneinheit R, μ_{3j}
als Schattenpreis einer zusätzlichen Einheit des im
Produktionsprozeß j angefallenen Schadstoffes S_j und μ_4
als Schattenpreis der Umweltqualität Q interpretiert
werden.

---

6   Probleme der Aggregation individueller Nutzenvorstellungen lassen freilich die Existenz bzw. das
demokratische Zustandekommen einer solchen Wohlfahrtsfunktion als fraglich erscheinen (vgl. Siebert, 1978, S. 68). Daher ist auch die Gestalt der
Wohlfahrtsfunktion bis auf die Annahme stets positiven Grenznutzens materiellen wie immateriellen Konsums nicht näher spezifiziert.

7   Dazu kommen die Nichtnegativitätsbedingungen, d.h.
$Q > 0$, C_j, R_j, $S_j > 0$, $j = 1,\ldots,J.$

Die Interpretation der Optimalbedingungen erfolge für den einfachen Fall einer 2-Sektoren-Ökonomie (J=2) und der Vollbeschäftigung aller produktiven Ressourcen (in (2) gilt das Gleichheitszeichen und $\delta L/\delta R = \mu_2 > 0$).

Zu (iv): Gemäß dieser Bedingung entspricht im Optimum der Schattenpreis μ_{3j} einer in Sektor j emittierten Schadstoffeinheit S_j der marginalen Beeinträchtigung der Umweltqualität durch diese Schadstoffeinheit, bewertet mit dem Schattenpreis der Umweltqualität. Wegen $\delta Q/\delta S_j < 0$ ist μ_{3j} im Optimum negativ, die emittierte Schadstoffeinheit stellt ein "Ungut" dar.

Zu (ii): Der Schattenpreis μ_4 der Umweltqualität gibt deren marginale gesellschaftliche Bewertung an. Nur wenn die Gesellschaft der Verbesserung der Umweltqualität keinen Wert beimißt (etwa weil die Umweltfaktoren im Überfluß vorhanden sind), ist der Nulltarif der Umweltnutzung ($\mu_4=0$) optimal. Diese Bewertung kann auch als (gewichtete) Summe der von einzelnen Wirtschaftssubjekten geäußerten Wertvorstellungen interpretiert werden[8]. Dann stellt sich allerdings das Problem der Wahl der Verteilungsgewichte, mit denen die individuellen Nutzenvorstellungen in die Wohlfahrtsfunktion eingehen[9].

Zu (i): Diese Bedingung ist eine Vorschrift über die Güterpreise im Optimum. Durch entsprechendes Auflösen und Einsetzen von Bedingung (iv) ergibt sich für die Güterpreise in Sektor j:

$$(6) \quad \mu_{1j} = \delta W/\delta C_j + \mu_4 \cdot \delta Q/\delta S_j \cdot f'_{sj}.$$

---

[8] Vgl. Buck, 1983, S. 99.

[9] Vgl. Bonus, 1972, S. 343.

Die Güterpreise sollen neben dem privaten Nutzen auch die sozialen Kosten ihrer Herstellung reflektieren[10].

Zu (iii): Diese Bedingung ist eine Vorschrift über die Ressourcenallokation im Optimum. Das Auflösen nach μ_2 ergibt:

$$(7) \quad \mu_2 = \mu_{11} \cdot f'_{c1} = \mu_{12} \cdot f'_{c2}.$$

Der Ressourcenvorrat R ist dann optimal auf die beiden Verwendungen aufgeteilt, wenn die Grenzerträge (auf dem Niveau des Schattenpreises μ_2) ausgeglichen sind. Abb. 2 illustriert diese Optimalbedingung: Von links (rechts) abgetragen sind die (abnehmenden) Grenzerträge GE_1 (GE_2) des Ressourceneinsatzes in Sektor 1 (Sektor 2), optimal ist die durch den Schnittpunkt dieser Kurven (Punkt A) bestimmte Ressourcenallokation R. Der Ressourceneinsatz R_1 (R_2) entspricht der Entfernung des Punktes R in Abb.2 zum linken (rechten) Ursprung[11].

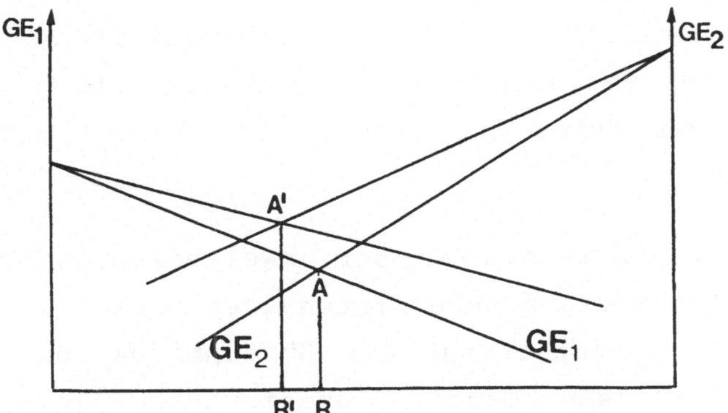

Abb.2: Optimale Ressourcenallokation

---

[10] Da $\mu_{3j} < 0$, $\delta Q/\delta S_j > 0$ und $f'_{sj} > 0$, ist das Vorzeichen des zweiten Terms auf der rechten Seite von Gleichung (6) negativ (soziale Kosten).

[11] Ist die Ressource R im Überfluß vorhanden ($\mu_2 = 0$), schneiden sich die Grenzertragskurven nicht mehr im "positiven Quadranten". An der Abszisse von Abb. 2 ließe sich dann die Unterbeschäftigung der Ressource ablesen.

Das dargestellte Modell liefert somit eine umweltbezogen optimale Faktorallokation und zeigt die Suboptimalität der Umweltnutzung zum Nulltarif. Bei Nulltarif der Umweltnutzung gilt $\mu_{3j}=\mu_4=0$. Die Nebenbedingungen (3) und (4) werden im Rahmen der Maximierung der Wohlfahrtsfunktion (5) also vernachlässigt. Fälschlicherweise scheinen dann die Güterpreise

$$(6`) \quad \mu`_{1j} = \delta W/\delta C_j ,$$

in welche die sozialen Zusatzkosten nicht eingehen, optimal zu sein. Die Faktorallokation orientiert sich somit an der (falschen) Vorschrift

$$(7`) \quad \mu`_2 = \mu`_{11} \cdot f'_{c1} = \mu`_{12} \cdot f'_{c2} .$$

Ist Sektor 2 der "umweltintensive" Sektor, so verläuft in Abb.2 bei Vernachlässigung der sozialen Zusatzkosten die Grenzertragskurve in Sektor 2 deutlicher oberhalb der "wahren" Grenzertragskurve als in Sektor 1. Das scheinbare Optimum liegt bei Punkt A` und der durch R` bestimmten Ressourcenallokation. Das umweltpolitische (Allokations)Ziel besteht somit in einer Reallokation der Ressourcen in dem durch die Strecke RR` in Abb.2 bezeichneten Ausmaß.

Die schadstoffbezogene Dimension dieser umweltbezogenen Zielsetzung läßt sich für den umweltintensiven Sektor 2 an Abb.3 zeigen. Die Grenzerträge der Güterproduktion erscheinen hier als (abnehmende) "Grenzerträge der Schadstoffemission" bzw. - von rechts nach links gelesen - als Grenzverzicht einer marginalen Drosselung der Produktionsaktivität (Grenzverzichtskurve GVK). Dem stehen die sozialen Zusatzkosten einer schadstoffbedingten Verschlechterung der Umweltqualität gegenüber (steigende Grenzschadenskurve GS).

Bei Vernachlässigung der sozialen Zusatzkosten ist es
optimal, das Aktivitätsniveau in Sektor 2 solange auszudehnen, bis die Grenzerträge auf null fallen[12], die
Schadstoffmenge ist dann S^o. S^* ist demgegenüber das
Schadstoffniveau, bei welchem der Grenzertrag des Ressourceneinsatzes in Sektor 2 und die extern in Sektor 1
anfallenden marginalen sozialen Zusatzkosten einer Ausdehnung der Produktionsaktivität in Sektor 2 überein-
stimmen.

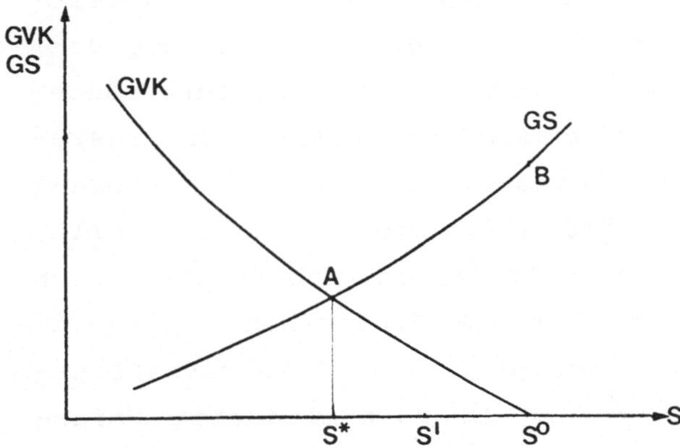

Abb.3: Optimales Emissionsniveau[13]

Die Drosselung der Aktivität in Sektor 2 (S^o auf S^*)
bewirkt insgesamt einen Wohlfahrtszuwachs in der durch
die Fläche ABS^o (Differenz zwischen ABS^oS^* und AS^oS^*)
gekennzeichneten Höhe.

Wird die an der Abszisse abzulesende Schadstoffmenge S
als Gesamtemission beider Sektoren interpretiert (bei
gleichem "Schadstoffspektrum" ist eine solche Aggregation möglich) und resultiert eine Gesamtemission in

---

[12] Die in Sektor 2 intern anfallenden sozialen Zusatzkosten seien vernachlässigt.

[13] Das Emissionsniveau $S^o(S^*)$ korrespondiert mit der
durch die Punkte A`, R` (A, R) in Abb.2 gekennzeichneten Ressourcenallokation.

Höhe von S^0 (S^1), wenn ausschließlich der relativ umweltintensive (umweltschonende) Sektor 1 (Sektor 2) emittiert, so ist eine Variation der Gesamtemission bei Vollbeschäftigung der Ressourcen nur in den Grenzen des Intervalls $\{S^0, S^1\}$ möglich. Die Realisierung der Gesamtemission S^* erfordert demgegenüber eine Unterauslastung der Ressourcen.

b) Beurteilung

Im skizzierten statischen Allokationsmodell werden wesentliche intertemporale Aspekte komplexer Umweltprobleme ausgeblendet[14]. Die statische Betrachtung vernachlässigt mögliche umweltbezogene Präferenzänderungen[15] und erfaßt insbesondere reale Schadenszusammenhänge nur unvollkommen. In der "zeitlosen" Schadensfunktion (4) wird z.B. implizit unterstellt, daß die in die Umwelt emittierten Schadstoffe nach Ablauf der betrachteten Periode "absterben" (Siebert, 1978, S. 33) und die Absorptions- und Regenerationsfähigkeit der Umwelt wieder in unvermindertem Umfang zur Schadstoffabsorption zur Verfügung steht. In der Periode nach der Schadstoffeinleitung ist das Gewässer annahmegemäß wieder sauber und biologisch aktiv. Somit wird vom Problem unvollständiger Regeneration von Umweltfaktoren abstrahiert. Schließlich werden alle Möglichkeiten "aktiver", nachträglicher Umweltanpassung (z.B. durch "Entsorgung" bereits emittierter Schadstoffe) vernachlässigt.

---

[14] Räumliche und unsicherheitsbezogene Aspekte komplexer Umweltprobleme werden in Abschnitt I.C diskutiert. Die gliederungstechnisch gesonderte Behandlung der intertemporalen Aspekte begründet sich mit deren einfacher Erfaßbarkeit innerhalb der skizzierten Allokationsmodelle.

[15] Vgl. Flassbeck, Maier-Rigaud, 1982, S. 35, vgl. auch v. Weizsäcker, 1982, S. 340ff.

Damit bildet dieses Modell weitgehend nur lokale Umweltsysteme und "Nachbarschaftsexternalitäten" ab, was sich auch im Charakter der in der Literatur zumeist angeführten Beispiele für Umweltprobleme niederschlägt (Chemiewerk/Fischer, LKW/Schläfer u.s.w)[16]. Typisch für die in dieser Arbeit relevanten komplexen Umweltprobleme sind demgegenüber Phänomene langanhaltender, dauerhafter und verzögert wirkender Umweltschädigung.

Inwieweit eine realistischere Modellierung der Zeitstruktur von Umweltbelastungsprozessen im Rahmen des dargestellten Grundmodells gelingt, soll nun untersucht werden.

2. Intertemporal optimale Umweltallokation

a) Basismodell[17]

Die Integration intertemporaler Aspekte der Umweltnutzung in Modelle optimaler Umweltnutzung bleibt nur um den Preis starker Vereinfachung übersichtlich. So wird zunächst von Problemen möglicher Unwiderruflichkeit (Irreversibilität) einmal erfolgter Umweltverschlechterungen[18] und von Problemen der Synergiewirkungen mehrerer Schadstoffe abstrahiert. Zudem sei eine sektoral nicht untergliederte Volkswirtschaft

---

[16] Eine umfassendere Liste von "Literaturbeispielen" liefert Uhlig (1978), S. 19. Vgl. auch Cansier (1981), S. 185.

[17] Solche Modelle präsentieren z.B. Elliott, Yarrow (1977), Vogt (1981), Gebauer (1985) und Siebert (1987b). Siebert (1987b), S. 191 und S.204f. spricht dabei von Modellen **dynamischer** Umweltallokation. Da in solchen Modellen jedoch lediglich eine "deterministische Dynamik" der Umsetzung von Mehrperiodenplänen, die in einer Ausgangsperiode bei vollkommener Information aufgestellt wurden, nicht aber eine "innovatorische Dynamik" beschrieben wird, sei an dieser Stelle der Begriff "intertemporal" bevorzugt.

[18] Vgl. für eine gesonderte Behandlung dieses Aspektes Fischer, Krutilla, Cicchetti (1972), Arrow, Fischer (1974), Müller (1986).

betrachtet (J=1, in den Modellgleichungen des Vorab-
schnittes fällt der Index j fort). Nach wie vor seien
Emssionsreduktionen nur durch Drosselung der Wirtschaftsaktivität (und ggf. Unterauslastung der produktiv einsetzbaren Ressource R) erreichbar.

Als intertemporaler Aspekt sei zunächst nur die Akkumulation langlebiger Schadstoffe in den Umweltmedien explizit erfaßt. Da diese Schadstoffe am Ende einer
Periode nicht vollständig "absterben", wird eine begriffliche Trennung von periodischer Neuverschmutzung
(Emission E) und akkumulierter Gesamtverschmutzung
(Schadstoffbestand S, "Immission") erforderlich. In jeder Periode t gilt nun eine Emissionsfunktion

$$(8) \quad E_t = f_e(C_t) \;,\; f'_e > 0 \text{[19]}.$$

Der Schadstoffbestand S erhöht sich in jeder Periode t
um die Neuverschmutzung E_t, wird aber durch natürliche
Absorption A_t von den Umweltfaktoren abgebaut. Dies
kann z.B. durch bakterielle und/oder chemische Umwand-
lung in harmlose umweltverträgliche Stoffe erfolgen[20].
Bei Annahme eines gegebenen Bestandes an zur Schadstoffabsorption fähigen Umweltfaktoren ("Biomasse") sei
zunächst eine gegebene natürliche Schadstoffabsorption
$\underline{A}$[21] unterstellt, so daß als "Bewegungsgleichung" für
den Schadstoffbestand S gilt:

$$(9) \quad \dot{S} = f_e(C_t) - \underline{A} \;,\; \dot{S} \gtreqless 0 \; <=> \; f_e(C_t) \gtreqless \underline{A}\text{[22]}.$$

---

[19] Im Fehlen eines Zeitindex am Funktionssymbol kommt
die vereinfachende Annahme zeitlich stabiler "Ver-
schmutzungszusammenhänge" zum Ausdruck.

[20] Einzelheiten schildert Pearce (1976).

[21] Exogen gegebene Größen seien im folgenden durch
<u>Unter</u>streichung gekennzeichnet.

[22] Der Punkt über einer Variablen kennzeichne deren
zeitliche Ableitung (S = δS/δt).

Überschreitet die Konsummenge C_t einen durch die Absorption $\underline{A}$ vorgegebenen kritischen Wert, wächst der Schadstoffbestand S. Als Schadensfunktion ist in jeder Periode t zu schreiben:

$$(10) \quad Q_t = f_q(S_t) \ , \ f_q', \ f_q'' < 0.$$

In jeder Periode t ist eine Wohlfahrtsfunktion

$$(11) \quad W_t = W_t(Q_t, C_t)$$

mit zu (5) analogen Eigenschaften zu beachten.

Aufgrund der Schadstoffakkumulation beeinflussen vergangene (heutige) Umweltnutzungsentscheidungen somit die heutige (künftige) Wohlfahrt, es liegen sozusagen zeitliche externe Effekte der Umweltnutzung vor.

Die zeitlich verflochtene Problemstruktur sei an Abb.4 näher erläutert. Für Periode t_0 zeigt Abb.4a die konkave Schadensfunktion (10). In Abb.4b ist zum einen eine konvexe Indifferenzkurve der in t_0 gültigen Wohlfahrtsfunktion (11) mit dem Index $\underline{w}$ eingetragen, zum anderen eine kurzfristige (konkave) Konsummöglichkeitenkurve XABY, welche sich wie folgt interpretieren läßt: Hängt bei gegebener "Vorverschmutzung" S_{-1} die Änderung des Schadstoffbestandes gemäß (9) von der in Periode t_0 produzierten Gütermenge C_0 ab, so läßt sich die Umweltqualität Q_0 auch in Abhängigkeit vom Versorgungsniveau C_0 ausdrücken. Jegliche Erhöhung der Konsumgütermenge über C_0 hinaus (z.B. auf die kurzfristig wohlfahrtsoptimale Menge C*) wird mit einer Erhöhung des Schadstoffbestandes (auf S*), d.h. mit einer Verschlechterung der Umweltqualität (auf Q*) erkauft. Die Wanderung von Punkt A nach B (beziehungsweise auf dem Kurvenzug XABY) in Abb.4b beschreibt somit materielle und immaterielle Konsummöglichkeiten in Periode t_0.

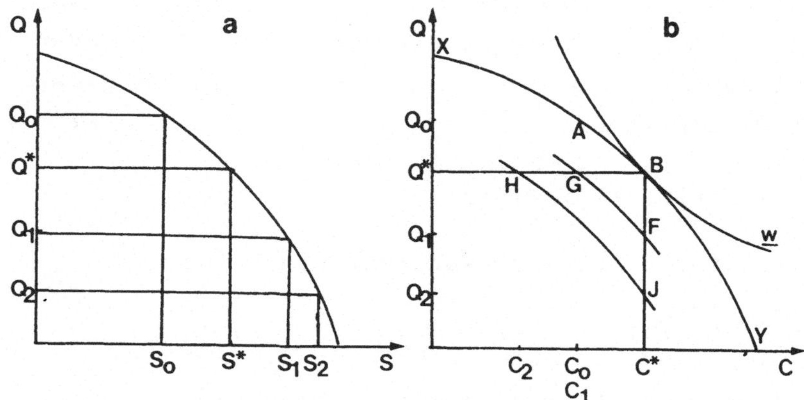

Abb.4: Intertemporale Umweltnutzungsentscheidungen

Führt bei exogen gegebener natürlicher Absorption $\underline{A}$ genau die Menge C_0 zu einem "Schadstoffbestandsgleichgewicht" $(S = 0)$, so beeinträchtigt die Überschreitung des Konsumniveaus C_0 die Entscheidungen der Folgeperioden. Soll z.B. das Konsumniveau C^* beibehalten werden, so vergrößert sich (wegen $C^*>C_0$) der Schadstoffbestand erneut (z.B. auf S_1). In Periode t_1 läßt sich das Konsumniveau C^* nur bei einer niedrigeren Umweltqualität Q_1 erzielen (Punkt F in Abb.4b). Soll andererseits die Umweltqualität Q^* beibehalten werden, ist dies nur bei Rücknahme des Konsums auf den Wert C_1 möglich (Punkt G in Abb.4b)[23]. Die einmalige Überschreitung des Konsumniveaus C_0 aus kurzfristigen Optimalitätsgesichtspunkten ist also mit einer Erhöhung der Vorverschmutzung für die nächste Periode und einer (durch den Kurvenzug GF in Abb.4b angedeuteten) Einengung der Konsummöglichkeiten verbunden und längerfristig möglicherweise nicht optimal.

Umgekehrt erweitern sich natürlich die Konsummöglichkeiten bei anfänglicher Unterschreitung des Konsum-

---

[23] In Abb.4 ist zufällig C_1 gleich C_0. Diese Übereinstimmung ist jedoch nicht zwingend.

niveaus C_0. Dieser Fall wird jedoch - da angesichts der gegenwärtigen umweltbezogenen Problemlage wenig realistisch - nicht betrachtet.

Die Berücksichtigung zeitlicher externer Effekte ändert den Charakter des betrachteten Umweltproblems. Der Umweltschaden einer zusätzlichen Emissionseinheit hängt nun auch von der akkumulierten Vorverschmutzung ab. Zielgröße Q (bzw. S) und Steuergröße (E) einer Periode t fallen somit auseinander. Entgegen einer von Bonus (1981c, S. 61) geäußerten Hoffnung sind in dieser Situation verläßliche wirtschaftliche Rahmendaten (ein konstanter Standard E̲) und ein stabiler "ökologischer Rahmen" (Q̲ oder S̲) nicht mehr kompatibel; das Umweltziel muß zur Sicherstellung einer gewünschten (konstanten) Umweltqualität Q̲ als flexibler Standard E_t statt als konstanter Standard E̲ formuliert werden.

Zudem wird eine zeitliche Asymmetrie der Umweltnutzung deutlich: Die konsumtive Nutzung der Umweltqualität (immaterieller Konsum) ist ohne Beeinträchtigung ihrer späteren Eignung zur Aufnahme von Schadstoffen möglich, wogegen heutige Schadstoffemissionen die Umweltqualität künftiger Perioden beeinträchtigen. Nur für konsumtive Umweltnutzung gilt somit "zeitliche Nichtrivalität im Konsum", Schadstoffemissionen dagegen beeinträchtigen spätere Umweltnutzungen (belastete Gewässer können "umkippen", d.h. z.B.: auf Jahre ihre Eignung als Fischgrund verlieren).

Bei zeitlicher Tiefenwirkung der Umweltnutzung sind heutige Emittenten als Absender zeitlicher externer Effekte durch die "faktische" Rechtsausgestaltung begünstigt. Da künftige Generationen nicht an den "coasianischen" Verhandlungen über das Niveau externer Effekte teilnehmen können, kommt im umweltpolitischen Laissez-faire-Zustand vermutlich keine intertemporal gerechte, sondern eine aus "periodenegoistischer Sicht"

optimale Umweltallokation zustande. Müßte dagegen die
Erlaubnis zum Aussenden externer Effekte von kommenden
Generationen erkauft werden, wäre das Niveau ausge-
sandter Externalitäten niedriger, somit gilt bei zeitlichen externen Effekten die Invarianzthese des Coase-
Theorems nicht mehr. Aus diesem Grund ist es bei
intertemporalen Umweltproblemen m.E. irreführend,
Absender und Empfänger zeitlicher externer Effekte
gleichermaßen als Verursacher umweltbezogener Knappheitsfolgen zu bezeichnen, wie dies für den Fall
statischer Umweltprobleme vorgeschlagen wurde.[24]

Die (theoretische) Identifikation intertemporaler
Umweltallokationsoptima ist nur in einer wohldefinier-
ten Modellumgebung möglich. Angesichts zeitlicher externer Effekte ist die Frage nach der optimalen Umweltnutzung (das Umweltziel) für einen - wie immer festgelegten - Planungszeitraum $[t_0, \tau]$ zu formulieren. Gesucht wird üblicherweise[25] ein optimaler "Pfad" der
Umweltnutzung durch Schadstoffemission, gesucht werden
mit anderen Worten Optimalwerte für Emission, Konsumgütermenge, Schadstoffbestand und Umweltqualität für
alle Perioden des Planungszeitraumes.

Die Logik derartiger intertemporaler Umweltallokations-
modelle sei nun dargestellt. Zur Berücksichtigung künftiger Interessen wird im Planungszeitpunkt t_0 eine
intertemporale Wohlfahrtsfunktion des Typs

$$(12) \quad \Omega = \int_{t_0}^{\tau} W_t(Q_t, C_t) e^{-rt} dt$$

unterstellt, durch deren Optimierung unter den Nebenbedingungen (8) - (10) sowie der Anfangsbedingung

---

[24] Vgl. Bonus (1986c) und die Darstellung in Abschnitt
I.A.3.

[25] Vgl. z.B. Siebert (1987b), Gebauer (1985), Elliott,
Yarrow (1977).

$S(t_0) = S_0$ das intertemporale Umweltziel ermittelt werden kann. Die Gewichtung künftiger Bedürfnisse erfolgt hier durch Wahl einer sozialen Zeitpräferenzrate r, mit der künftige Wohlfahrtsvortsellungen "abdiskontiert" werden[26]. Die Konsumgütermengen C_t sind Kontrollvariablen, die Schadstoffbestände S_t Zustandsvariablen dieses intertemporalen Kontrollproblems. Unter Verwendung des Maximumprinzips von Pontryagin[27] wird der optimale Umweltnutzungspfad gefunden, wenn in jeder Periode t des Planungszeitraumes eine Hamiltonfunktion

$$(13) \quad H_t = W_t(Q_t, C_t) - \mu_{1t}[f_e(C_t) - \underline{A}]$$
$$- \mu_{2t}[Q_t - f_q(S_t)]$$

maximiert wird[28].

Der zweite Term der Hamiltonfunktion gibt den laufenden Wert der Veränderung des Wohlfahrtsfunktionals Ω infolge einer in t erfolgten Änderung des Schadstoffbestandes S an. μ_{1t} bezeichnet die entsprechende Wohlfahrtsänderung einer marginalen Variation von S in t, ist somit als Schattenpreis der Immissionen zu bezeichnen. Da gemäß (9) $\delta E_t = \delta S_t$ gilt[29], ist μ_{1t} zugleich Schattenpreis der Emissionen, gibt also den laufenden Wert sämtlicher im Planungszeitraum verursachter Opportunitätskosten der Emission einer zusätzlichen Einheit in t an.

Der dritte Term der Hamiltonfunktion erinnert daran, daß stets die Schadensfunktion zu beachten ist. μ_{2t}

---

[26] Die Problematik der Diskontierung künftiger Bedürfnisse wird in Abschnitt I.C behandelt.

[27] Vgl. z.B. Intriligator (1971), Kap. 14, und für ökonomische Anwendungen Siebert (1978) und Ströbele (1987).

[28] Hier ist die Formulierung in laufenden Werten gewählt. Zur Methode einer Umrechnung in Gegenwartswerte vgl. Siebert (1987b), S. 201ff.

[29] Wird (9) als $S_t - \underline{S_{t-1}} = E_t - \underline{A}$ geschrieben, so folgt: $\delta S_t / \delta E_t = 1$ und $\delta S_t = \delta E_t$.

bezeichnet die Wohlfahrtsänderung einer marginalen Änderung der Umweltqualität Q. Für alle t aus $[t_0, \tau]$ gelten die notwendigen Optimalbedingungen:

(i) $\quad \delta H/\delta C = 0 : \delta W/\delta C = \mu_{1t} \cdot f'_e$,

(ii) $\quad \delta H/\delta S = \mu_{1t} \cdot r - \dot{\mu}_1 : \dot{\mu}_1 = \mu_{1t} \cdot r - \mu_{2t} \cdot f'_q$,

(iii) $\delta H/\delta Q = 0 : \delta W/\delta Q = \mu_{2t}$.

Aus (ii) und (iii) folgt bei Auflösen nach μ_{2t}:

(iv) $\quad \dot{\mu}_1 = \mu_{1t} \cdot r - \delta W/\delta Q \cdot f'_q$.

Die Optimalbedingungen sind wie folgt zu interpretieren: Bedingung (i) fordert, daß der marginale Wohlfahrtsbeistrag materiellen Konsums Verluste im Zusammenhang mit den - mit μ_{1t} bewerteten - zusätzlichen Emissionen stets gerade ausgleicht. Umgekehrt: Der marginale "Wert" der letzten Emissionseinheit beträgt im Optimum $\mu_{1t} = \delta W_t/\delta C_t \cdot (1/f'_e)$. Alle "Emissionsnachfrager", deren Zahlungsbereitschaft für die Abgabe einer Schadstoffeinheit unterhalb von μ_{1t} liegt, sollten somit von der Inanspruchnahme der Umwelt durch Schadstoffemission ausgeschlossen werden.

Bedingung (iv) - aus (ii) und (iii) - beantwortet die Frage nach der optimalen Entwicklung des Schattenpreises der Emissionen im Zeitablauf. Durch Umformung ergibt sich die Beziehung

(14) $\dot{\mu}_1 \gtrless 0 \quad <=> \quad \mu_{1t} \gtrless (\delta W_t/\delta Q_t \cdot f'_q)/r$.

Ist der durch Schadstoffakkumulation künftig verursachte Schaden μ_{1t} einer marginalen Emissionseinheit größer (kleiner) als der aktuelle (mittels Division durch r "kapitalisierte"[30]) Schaden in der laufenden Periode, muß der Schattenpreis steigen (sinken). Der

---

[30] Vgl. für diese Interpretation Siebert(1987b), S. 192f.

Fall $\dot{\mu}_1 = 0$ repräsentiert ein intertemporales "Schadensgleichgewicht".

Die Optimalbedingungen und die Bewegungsgleichung für den Schadstoffbestand liefern zusammen mit der Anfangsbedingung für den Schadstoffbestand das gesuchte "zeitliche Profil" der Umweltnutzung, für welches der Wert des Wohlfahrtsfunktionals Ω maximal ist.

Bei hinreichend "deformierter" Gestalt des Wohlfahrtsfunktionals (hohe Diskontrate, d.h. geringe Gewichtung künftiger Bedürfnisse) ist nicht auszuschließen, daß dieses intertemporale Optimum den völligen "Verbrauch" der Umweltqualität (und damit das Aussterben der Menschheit) am Ende des Planungshorizontes verlangt[31]. Für jeden Anfangsbestand S_0 existiert andererseits jedoch ein Schattenpreis μ_{10}, der die Emissionen soweit zurückdrängt, daß $E_0(C_0) < \underline{A}$ gilt und der Schadstoffbestand sich verringert. Ein Umweltkollaps durch ständig zunehmende Schadstoffimmission kann also stets vermieden werden, das beschriebene Umweltproblem ist umweltpolitisch "beherrschbar".

b) Endogene natürliche Schadstoffabsorption

Ist die natürliche Absorptionsleistung A nicht exogen (in der Höhe $\underline{A}$) gegeben, sondern abhängig z.B. von der in den Umweltmedien befindlichen Vorverschmutzung[32], ist die Bewegungsgleichung des Schadstoffbestandes zu modifizieren. Allgemein gilt dann der Zusammenhang

$$(15) \quad \dot{S} = f_e(C_t) - A_t(S_t) = E_t - A_t(S_t).$$

---

[31] Analoge Resultate existieren in der Ressourcenökonomik hinsichtlich der Optimalität der "Ausrottung" erneuerbarer Ressourcen. Vgl. z.B. Fisher, Peterson (1976) und Ströbele (1987).

[32] Diesen Aspekt betont z.B. Pearce (1976).

Unklar ist freilich das Vorzeichen von $\delta A_t / \delta S_t$[33]. Der radioaktive Zerfall strahlenden Materials ist beispielsweise proportional zur vorhandenen Schadstoffmenge ($\delta A_t / \delta S_t > 0$). Denkbar ist jedoch auch eine mit zunehmender Schadstoffbelastung abnehmende natürliche Absorption. Elliott und Yarrow (1977, S.303) illustrieren diesen Fall an einem schadstoffvertilgenden Bakterienstamm, der bei sehr hohen Schadstoffkonzentrationen zunehmend dezimiert wird bzw. seine Umwandlungsaktivität drosselt. Auch die Erdatmosphäre verliert möglicherweise ihre klimastabilisierende Eigenschaft um so mehr, je höher die von ihr bereits aufgenommene Menge von "Treibhausgasen" ist. In diesem – im folgenden unterstellten – Fall ist die Absorptionsleistung der Umweltmedien durch $\delta A_t / \delta S_t < 0$ abzubilden.

Eine derartige Endogenisierung der natürlichen Fähigkeit zur Schadstoffabsorption verschärft das Umweltallokationsproblem. In Abb.4 beschränkt c.p. die Wahl eines kurzfristigen Optimums (Punkt B in Abb.4b, Konsumniveau C*) künftige Konsummöglichkeiten wegen der bei steigendem Schadstoffbestand sinkenden Absorptionskraft stärker als im zuvor diskutierten Fall exogener natürlicher Absorption: Wird das hohe Konsumniveau C* beibehalten, steigt wegen rückläufiger Absorptionsleistung der Natur der Schadstoffbestand auf S_2 ($S_2 > S_1$) und sinkt die Umweltqualität auf Q_2 ($Q_2 < Q_1$) – Punkt J in Abb.4b. Soll andererseits in der Folgeperiode das (verminderte) Umweltqualitätsniveau Q* beibehalten werden, so ist der Konsum auf C_2 ($C_2 < C_1$) zu reduzieren (Punkt H in Abb.4b). Der Kurvenzug JH liegt unterhalb des zuvor erläuterten Kurvenzugs FG, was die problem-

---

[33] Vgl. dazu Fallbeispiele und Erläuterungen bei Elliott, Yarrow (1977), S. 302.

verschärfende Bedeutung einer derart immissionsabhängi-
gen natürlichen Absorption zeigt[34].

Die intertemporal optimale Umweltallokation ist in diesem Fall durch Maximieren der modifizierten (in laufenden Werten notierten) Hamiltonfunktion

$$(16) \quad H_t = W_t(Q_t, C_t) - \mu_{1t}[f_e(C_t) - A_t(S_t)]$$
$$- \mu_{2t}[Q_t - f_q(S_t)]$$

unter den in Abschnitt a) genannten Nebenbedingungen zu
ermitteln. Als neue Optimalbedingung (iv`) resultiert:

$$(iv`) \quad \dot{\mu}_1 = \mu_{1t} \cdot r - \delta W_t / \delta Q_t \cdot f'_q - \mu_{1t} \cdot \delta A_t / \delta S_t .$$

Der letzte Term berücksichtigt die schadstoffbedingte
Änderung der natürlichen Absorption. Aus (iv`) folgt
als Bedingung für die Entwicklung des Schattenpreises:

$$(17) \quad \dot{\mu}_1 \gtreqless 0 \quad <=> \quad \mu_{1t} \gtreqless (\delta W_t / \delta Q_t \cdot f'_q)/(r - \delta A_t / \delta S_t) .$$

Der Vergleich von (14) und (17) zeigt, daß die Schwelle
für einen steigenden Schattenpreis aufgrund der
beschriebenen Endogenisierung der natürlichen
Schadstoffabsorption niedriger geworden ist (wegen
$\delta A_t / \delta S_t < 0$ ist die "ganz rechte" Seite in (17) kleiner
als in (14), das ">"-Zeichen trifft somit eher zu). Die
Verschärfung der Umweltproblematik findet also in einer
Anweisung Berücksichtigung, die im Vergleich zum Basis-
modell eine steigende Entwicklung des Schattenpreises
für Emissionen begünstigt[35].

Die beschriebene Endogenisierung der natürlichen
Absorption ändert jedoch nichts an der prinzipiellen

---

[34] Bei anfänglicher <u>Unter</u>schreitung des konsumbezogenen
Schwellenwertes ist wiederum genau umgekehrt zu
argumentieren.

[35] Nicht berücksichtigt ist hier die Möglichkeit, durch
"Umweltreparatur" die Absorptionskraft wieder zu
steigern.

umweltpolitischen Beherrschbarkeit des Umweltproblems. Nach wie vor ist (sofern A>0) jedem Schadstoffbestand S ein Schattenpreis μ_1 zugeordnet, der die Neuemission unter das Niveau der natürlichen Absorption zu drücken und damit den Schadstoffbestand zu reduzieren vermag.

c) Unvollständige natürliche Regeneration

In den bislang diskutierten Modellvarianten ergibt sich die Umweltqualität stets "residual" als Funktion der in den Umweltmedien befindlichen Schadstoffmenge S. Dies impliziert vollständige Regeneration der Umweltfaktoren im Falle zurückgehender Schadstoffbelastung. Für die Abbildung komplexer Umweltprobleme realistischer ist jedoch eine Beschreibung der Umwelt als regenerierbare Ressource, deren Regenerationskraft durch die Immission längerfristig beeinträchtigt wird[36].

Ist die Regenerationskraft dauerhaft geschädigt, liegt eine irreversible (nicht rückgängig zu machende) Umweltschädigung vor. Siebert (1987a, S. 26) unterscheidet hinsichtlich der Umweltschädigung schwache und starke Irreversibilität. Streng irreversible Umweltschäden ("Verschwinden" von Umweltfaktoren) sind nur mit unendlichem Kostenaufwand (also gar nicht) rückgängig zu machen, bestimmte Umweltnutzungen werden dann unmöglich. Daneben existiert ein Kontinuum schwächerer Irreversibilitäten, geordnet nach aufsteigenden Kosten der "Wiederverfügbarmachung" der Umweltfaktoren für zwischenzeitlich unmögliche Nutzungen. Nur in diesem letzteren Sinne sind die nun betrachteten Beeinträchtigungen der natürlichen Regenerationskräfte durch Immissionseinwirkung irreversibel[37].

---

[36] Ähnliches gilt für den menschlichen Körper, der in bestimmten Fällen durch jede überstandene Infektion anfälliger für weitere Infektionen wird.

[37] Probleme irreversibler Umweltschädigung werden in der Literatur überwiegend bezüglich ökologischer Teilsysteme und konkreter Umweltnutzungsent-

Der Bestand an Umweltfaktoren, deren Existenz (Ozonschicht) oder Stoffwechsel (Meeresplankton) die Stabilisierung eines lebensfreundlichen biologisch-chemischen "Milieus" sichert, determiniert die Qualität der
Umwelt für menschliches Leben. Je geringer diese Bestände, desto weniger gelingt eine Stabilisierung der
Ökosysteme in einem lebensfreundlichen Zustand. Somit
sind die Begriffe "Umweltqualität" und "Bestand an
Umweltfaktoren" weitgehend synonym.

Umweltfaktoren sind, da sie "nachwachsen" können, als
regenerierbare Ressourcen aufzufassen[38]. Erfolgt die
Regeneration der betrachteten Ressource (Umweltqualität
Q) nicht unbegrenzt, sondern gemäß der Regenerationsfunktion des in ressourcenökonomischen Modellen ge-
bräuchlichen Typs

$$(18) \quad \dot{Q} = f_q(Q) \, , \quad f'_q \gtreqless 0 \Leftrightarrow Q \lesseqgtr Q^* \text{ und } f''_q < 0\text{[39]}$$

---

scheidungen behandelt. So erörtern Arrow und Fisher
(1974) für die River-Snake-Region die Wahl zwischen
Erhalt im natürlichen Zustand (Erholungswert) und
wirtschaftlicher Erschließung durch ein Wasserkraft-
werk, dessen Staudämme gewisse Erholungsnutzungen
des Flußgebietes dauerhaft unmöglich machen. Soll
das Kraftwerk gebaut werden? Arrow und Fisher sehen
in einer Nutzwertanalyse, die den Verlust an Op-
tionen aufgrund dieser Entscheidung berücksichtigt,
die geeignete Methode zur Beantwortung dieser Frage.
Unklar ist freilich, ob sogenannte Optionswerte
(Bereitschaft, etwas für die Wahlmöglichkeit zwischen alternativen Verwendungen in der Zukunft zu
zahlen - Müller, 1983, S. 249) bei langfristigen
Umweltproblemen sinnvoll ermittelt werden können.

[38] Diese Idee wurde zuerst von Siebert (1982a), später
auch von Ströbele, Wacker (1988) in die Umweltökonomie integriert, wobei jedoch primär die Beeinträchtigung der Regenerierbarkeit der Umwelt durch
"Rohstoffentnahme" betrachtet wird.

[39] Der Zeitindex bei den Bestandsgrößen wird im
folgenden nicht mehr explizit angegeben. Vgl. für
Regenerationsfunktionen des dargestellten Typs z.B.
Plourde (1970), Faber, Niemes, Stephan (1983a),
Ströbele (1987).

in Abhängigkeit vom "Bestand an Umweltqualität", lassen
sich mögliche Umweltbestandsgleichgewichte analysieren.
Verläuft die Regenerationsfunktion z.B. durch die Punkte A und B (vgl. Abb.5), so steigt der Umweltbestand Q,
wenn er zunächst zwischen diesen "Schwellenwerten"
liegt, außerhalb dieses Korridors sinkt er. Im Beispiel
konvergiert die Bestandsentwicklung entweder gegen A,
oder gegen 0. Punkt A repräsentiert mithin ein sta-
biles, Punkt B ein instabiles Umweltbestandsgleichgewicht[40].

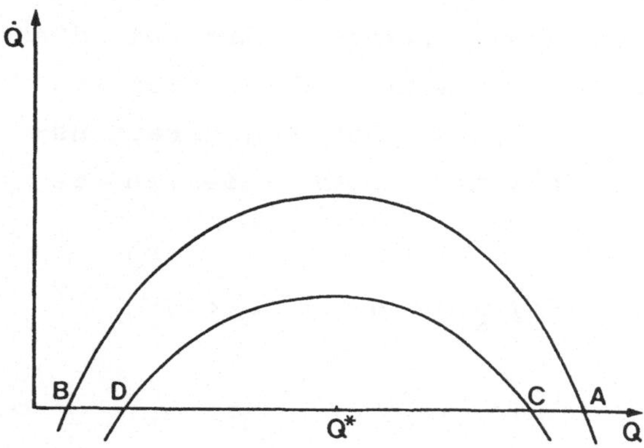

Abb.5: Regeneration der Umwelt[41]

Hinter diesem ursprünglich für einzelne Spezies entwor-
fenen Funktionsverlauf steht die Vorstellung, die abso-
lute Vermehrung werde durch steigende Bestände begünstigt, andererseits jedoch zunehmend durch "Überfül-
lungseffekte" (Nahrungsknappheit) beeinträchtigt, wobei
letzterer Effekt schließlich überwiege. Gemäß (18) kann
die Umweltqualität nicht beliebig zunehmen. Im stabilen

---

[40] Ökologen sind im Gebrauch des Gleichgewichtsbegriffs
   zurückhaltend. Osche (1973, S. 57) bezeichnet "eine
   gewisse Konstanz in der Individuendichte der beteiligten Arten" als biozönotisches Gleichgewicht, Mohr
   (1983, S. 89) bezeichnet den Ausgleich von Zu- und
   Abfluß von Materie und Energie als "Fließgleich-
   gewicht" eines offenen ökologischen Systems.

[41] Vgl. Plourde (1970), Abb.1, S. 519.

Gleichgewicht wird sie den in Abb.5 durch den Abszissenabschnitt des Punktes A gekennzeichneten Wert annehmen.

Die immissionsbedingte Beeinträchtigung der Umweltqualität läßt sich durch eine einfache Erweiterung der Regenerationsfunktion um eine (aus Gründen der Darstellung linearisierte) Schadensfunktion berücksichtigen:

$$(19) \quad \dot{Q} = f_q(Q) - b \cdot S, \quad \dot{Q} \gtreqless 0 \iff S \lesseqgtr f_q(Q)/b, \quad b > 0.$$

Bei steigender Immission S verlagert sich die Regenerationsfunktion nach unten (z.B. Linie CD in Abb.5).

Von großer Bedeutung für das Modellergebnis ist die durch die Gleichungen (15) und (19) beschriebene Interdependenz von Regeneration und Immission. Zu diskutieren sind im folgenden drei einfache Spezifikationen der Schadstoffbewegungsgleichung (15), die zu unterschiedlichen Modellergebnissen führen.

Die von Siebert (1982a, S. 136) vorgeschlagene Spezifikation lautet:

$$(20a) \quad \dot{S} = e \cdot C - \alpha \cdot S, \quad \dot{S} \gtreqless 0 \iff S \lesseqgtr e \cdot C/\alpha, \quad e, \alpha > 0 [42].$$

Diese Funktion ist wegen der Eigenschaft $\delta A/\delta S > 0$ zur Beschreibung globaler Umweltprobleme nur bedingt tauglich (s.o.). In der zweiten Variante wird daher die Eigenschaft $\delta A/\delta S < 0$ unterstellt:

$$(20b) \quad \dot{S} = e \cdot C - \alpha/S, \quad \dot{S} \gtreqless 0 \iff S \gtreqless \alpha/e \cdot C, \quad e, \alpha > 0.$$

Die letzte (bei komplexen Umweltproblemen als realistischer beurteilte) Variante berücksichtigt direkt die Bedeutung der vorhandenen Bestände an Umweltfaktoren

---

[42] Siebert setzt (1982a, S. 136) zur Vereinfachung Rohstoffentnahme und Konsum gleich.

für den Abbau von Schadstoffen.[43] Nicht die Höhe des Schadstoffbestandes, sondern der Bestand an Umweltfaktoren (mithin die Umweltqualität) bestimmt demnach das Ausmaß der Schadstoffabsorption. Der Schadstoffbestand S ist dann nur insoweit von Bedeutung, als er über die Regenerationsfunktion die Höhe der zur Schadstoffabsorption fähigen Umweltfaktoren beeinflußt:

$$(20c) \quad \dot{S} = e \cdot C - A(Q) = e \cdot C - a \cdot Q \, , \quad \dot{S} \gtreqless 0 <=> Q \lesseqgtr e \cdot C/a,$$
$$e,a > 0.$$

Dieses System von Bewegungsgleichungen läßt sich nun daraufhin untersuchen, inwieweit jeweils ein ökologischer Kollaps (Q=>0) abgewendet werden kann.[44] Diese Frage läßt sich durch Auswertung der in den Gleichungen (19) und (20) verkörperten "Systemdynamik" beantworten.

Diese Dynamik erschließt sich durch die Analyse der Bedingungen für partielle Gleichgewichtszustände ("Schadstoffbestandsgleichgewicht" $\dot{S}$=0, "Umweltqualitätsgleichgewicht" $\dot{Q}$=0)[45]. Für das Schadstoffbestands-

---

[43] Die Abholzung der als "CO_2-Senke" fungierenden Regenwälder beschleunigt z.B. die Akkumulation von CO_2 in der Atmosphäre.

[44] Eine analoge ressourcentheoretische Fragestellung bezieht sich auf die maximale sichere Erntemenge (insbesondere darauf, ob sie größer als null ist). Vgl. z.B. Ströbele (1987), S. 118. Beide Fragen sind derjenigen nach einem optimalen Umweltnutzungspfad logisch vorgelagert. Zu einer entsprechenden Verlagerung des Erkenntnisinteresses von Optimierungs- zu Existenzfragen vgl. Weimann (1987, S. 301ff.).

[45] Krelle, Coenen (1985, S. 369, FN2) - desgleichen Schäkermann (1986) und Buchholz, Cansier (1980) - definieren ökologisches Gleichgewicht als Zustand konstanter Umweltschädigung, wobei diese durch die Immission bestimmt wird. Formal wird ein Schadstoffbestandsgleichgewicht $\dot{S}$ = 0 als ökologisches Gleichgewicht bezeichnet. Das vorliegende Modell enthüllt, daß ein ökologisches Gleichgewicht nicht so (vor)schnell diagnostiziert werden kann. Notwendige Bedingung ist zumindest das simultane Vorliegen eines Schadstoffbestands- und eines Umweltqualitätsgleichgewichtes, d.h. $\dot{S}$ = $\dot{Q}$ = 0. Vgl. zum Konzept

gleichgewicht (S=0-Funktion) gilt unter Zugrundelegung der jeweiligen Schadstoffbewegungsgleichung (20):

Variante 1	Variante 2	Variante 3
$S = e \cdot C / \alpha$	$S = \alpha / e \cdot C$	$Q = e \cdot C / \alpha$
$\delta S / \delta Q = 0$	$\delta S / \delta Q = 0$	$\delta Q / \delta S = 0,$

Das Umweltbestandsgleichgewicht (Q=0-Funktion) ergibt sich durch entsprechendes Auflösen der modifizierten Regenerationsfunktion (19) als:

$$S = f_q (Q) / b \quad \text{und}$$
$$\delta S / \delta Q = f'_q / b.$$

Die so bestimmten $\dot{S}$=0- und $\dot{Q}$=0-Funktionen unterteilen für gegebene Konsummengen C einen in den Bestandsgrößen Q und S definierten "Umweltzustandsraum" in Bereiche unterschiedlicher Entwicklungsdynamik. Die Richtung der Verschiebung der Geraden für ein Schadstoffbestandsgleichgewicht ($\dot{S}$=0-Gerade) aufgrund einer Änderung des Emissions- bzw. Konsumniveaus ergibt sich jeweils aus obiger "Gleichungstabelle" durch Ableiten:

$$\delta S / \delta C = e / \alpha > 0 \qquad \delta S / \delta C = -\alpha / e \cdot C^2 < 0 \qquad \delta Q / \delta C = e / a > 0.$$

In Abb.6a (Abb.6b) ist für ein hohes (niedriges) Konsumniveau jeweils für jede Modellvariante ein Phasendiagramm eingetragen. Der Verlauf der $\dot{S}$=0- und $\dot{Q}$=0-Linien folgt aus den angegebenen Gleichgewichtsbedingungen: Die $\dot{S}$=0-Gerade verläuft in den Phasendiagrammen der ersten beiden Varianten waagrecht ($\delta S / \delta Q = 0$) und im letzten Fall senkrecht ($\delta Q / \delta S = 0$). Der glockenförmige Verlauf der $\dot{Q}$=0-Kurve ergibt sich aus der mit dem Faktor 1/b multiplizierten Regenerationsfunktion $f_q (Q)$. Damit läßt sich die (in Abb.6 durch Pfeile angedeutete) Systemdynamik untersuchen. In allen Modellvarianten steigt (fällt) der Umweltbestand Q, wenn

---

der ökologischen Stabilität auch Pearce (1976) und Zimmermann (1985).

der Schadstoffbestand S für gegebenes Q den Wert $f_q(Q)/b$ unterschreitet (überschreitet). Dies ist jeweils durch die waagrechten Pfeile in Abb.6 angedeutet. Die Entwicklung des Schadstoffbestandes S (senkrechte Pfeile in Abb.6) hängt einerseits vom Konsumniveau (Verschiebung der $\dot{S}=0$ Kurven), zum anderen von der Lage der $\dot{S}=0$ Kurven ab. In der ersten (zweiten) Variante sinkt (steigt) der Schadstoffbestand ausgehend von einem relativ zur natürlichen Absorption (bzw. zur $\dot{S}=0$ Kurve) hohen Niveau. In der dritten Variante ist die Schadstoffentwicklung umweltbestandsabhängig. Ein hoher (niedriger) Umweltbestand bewirkt hier tendenziell eine Überkompensation (eine unvollständige Kompensation) der Emissionen durch eine hohe (niedrige) Absorption von Schadstoffen.

Abb.6 zeigt insgesamt den großen Einfluß der genauen Spezifikation der Bewegungsgleichung auf die ökologisch/ökonomische Systemdynamik. Je nach vorliegender Modellvariante kann - bei konstantem Konsumniveau - die Entwicklung von einem bestimmten Ausgangszustand der Umweltsysteme zu einem ökologischen Gleichgewicht ($\dot{Q}=\dot{S}=0$) konvergieren oder auch "abgleiten". So läuft z.B. ausgehend von Punkt T bei hohem Konsumniveau (vgl. jeweils die Abb.6a) die durch die gestrichelten Pfeile angedeutete Entwicklung in der zweiten Variante zum "ökologischen Paradies" und in der ersten Variante zum ökologischen Gleichgewicht. Bei entsprechender (aus zeichnerischen Gründen hier nicht gewählter) Lage der $\dot{S}=0$-Kurve verläuft in der dritten Variante die Entwicklung von ebendiesem Punkt aus zum ökologischen Kollaps ($Q=>0$). Die von den Punkten Z ausgehenden gestrichelten Pfeile zeigen demgegenüber in allen Varianten Entwicklungspfade, die selbst bei niedrigem Konsumniveau (vgl. jeweils die Abb.6b) zum ökologischen Kollaps führen.

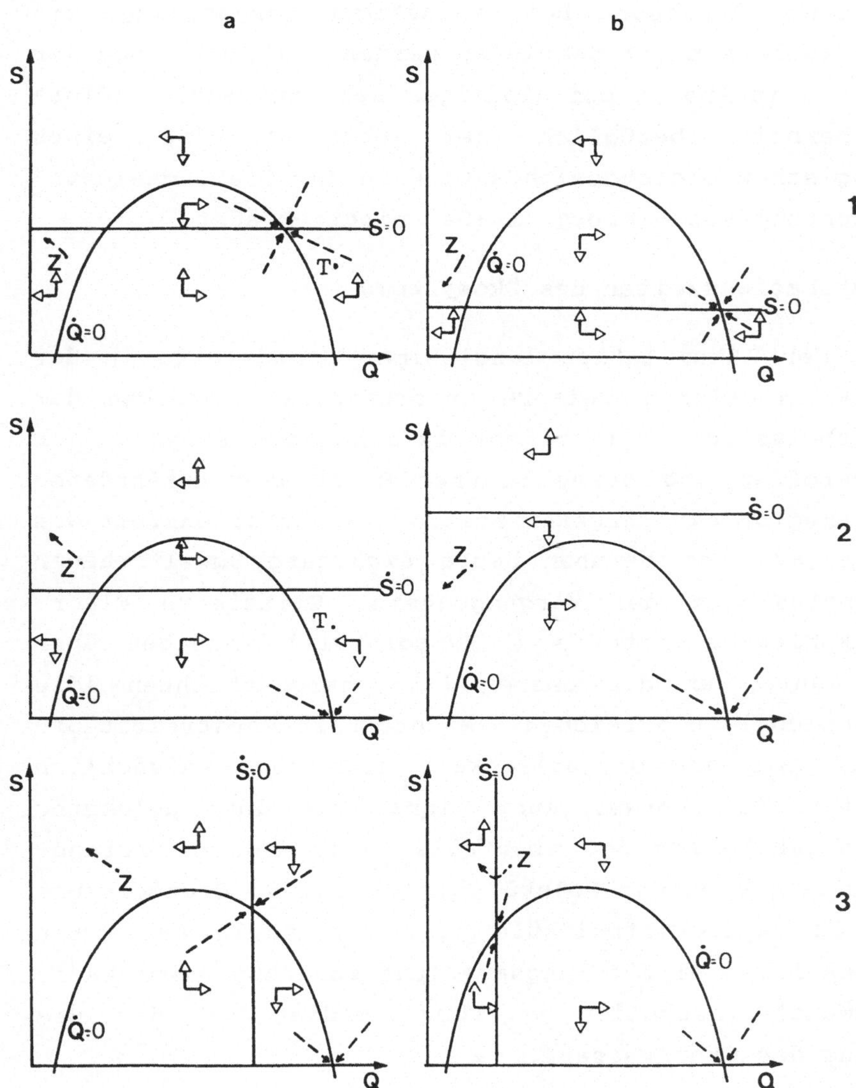

Abb.6: Dynamik interdependenter Umweltsysteme[46]

Ist eine Verschiebung der $\dot{S}=0$-Geraden durch Drosselung des materiellen Konsums (damit der Emissionen) nicht unbegrenzt möglich[47], so kann selbst bei "weitest-

---

[46] Vgl. Siebert (1982a), S. 138.

[47] So können Nebenbedingungen über Mindestkonsummengen C_{min} (vgl. Siebert, 1981, S. 141) oder über das Ver-

möglicher" Anpassung bei ungünstiger Ausgangslage ein
Umweltkollaps nicht vermieden werden (vgl. die Lage der
Punkte Z in Abb.6b bei niedrigem Konsumniveau)[48]. Diese
Unsicherheit bezüglich der Erreichbarkeit eines
ökologischen Gleichgewichts wird in der Gleichgewichts-
betrachtung von Siebert (1982a) nicht erwähnt.

d) Inkubationszeiten des Ökosystems

Neben der Akkumulation langlebiger Schadstoffe in der
Umwelt existieren weitere intertemporale Aspekte der
Umweltbelastung. Verstreicht zwischen der Emission von
Schadstoffen und deren Eintreffen in der gefährdeten
Umweltregion ein längerer Zeitraum (Inkubationszeit des
Ökosystems), so beruhen heute sichtbare Umweltschäden
auf Emissionen der Vergangenheit. Emittierte Fluor-
chlorkohlenwasserstoffe (FCKW-Moleküle) brauchen über
zehn Jahre, um die oberen Atmosphärenschichten (die
Ozonschicht) zu erreichen, weitere Zeit verstreicht offenbar, bis die Öffentlichkeit dies auch tatsächlich
glaubt.[49] Die Verweildauer einmal bis dort gelangter
FCKW-Moleküle beträgt ebenfalls viele Jahre, während-
dessen ein einziges Molekül bis zu 10.000 Ozonmoleküle
(O_3) in Sauerstoffmoleküle (O_2) verwandeln kann. Ein
anderes Beispiel für langsame (und zunächst nicht wahr-
genommene) Inkubation von Umweltmedien ist die Belastung des Grundwassers.

Diese (zusätzliche) Wirkungsverzögerung der emissions-
bedingten Schadwirkung läßt sich durch folgende Modi-

---

bot signifikanter Verschlechterung der materiellen
Versorgung ($C_{t+1} \geq \beta \cdot C_t$, $0 < \beta < 1$) eingefügt werden.

[48] Diese Aussage gilt unabhängig von der speziellen
Gestalt der Regenerationsfunktion immer, wenn oberhalb der jeweiligen $\dot{Q}=0$-Kurve der Umweltbestand
schrumpft.

[49] Vgl. den in dieser Hinsicht überaus instruktiven
Spiegel-Titel "Die Klima-Katastrophe" (o.V., 1986).

fikation der Schadstoffbewegungsgleichung (15) veranschaulichen:

$$(21) \quad \dot{S}_t = E_{t-x}(C_{t-x}) - A_{t-y}(S_{t-y}), \quad x,y > 0.$$

Gemäß (21) brauchen die Emissionen y Perioden, um die natürliche Fähigkeit zur Schadstoffabsorption zu beeinträchtigen, und x Perioden, um im entsprechenden Umweltmedium akkumulierend zu wirken[50]. Angesichts dieser zeitlichen Verzögerungseffekte ist die Abb.6 neu zu interpretieren. Die Lage der $\dot{S}=0$-Kurven hängt nun von **vergangenen** Konsum- bzw. Emissionsniveaus ab, eine Senkung heutigen Konsums verschiebt die $\dot{S}=0$-Kurve nicht in der zuvor angedeuteten Weise, wenn noch bedeutende Emissionsmengen "unterwegs" sind. Mithin reicht in diesen Fällen die Beeinflussung aktueller Emissionen zur Problemlösung nicht aus, Aktivitäten in der "Umweltreparatur" (z.B. Neutralisierung der bereits in der Atmosphäre befindlichen Treibhausgase und FCKW-Moleküle) werden zwingend erforderlich.

Werden der Umweltqualität somit Eigenschaften einer regenerierbaren Ressource zugesprochen und wird die Zeitstruktur von Umweltproblemen realistischer abgebildet, so können Umweltnutzungsstrategien, die sich nur auf das Niveau der periodischen Neuemissionen beziehen, das Ausbleiben eines Umweltkollaps nicht garantieren. Intertemporale Umweltprobleme sind insofern allein durch Emissionsbeeinflussung nicht befriedigend beherrschbar, möglicherweise existiert kein Pfad der Umweltnutzung, der die intertemporale Wohlfahrtsfunktion (12) unter der Nebenbedingung eines stets positiven Umweltbestandes ($Q_t > 0$ für t aus [to,τ]) maximiert. Bei realistischer Modellierung der öko-

---

[50] FCKW-Moleküle, die in Eisschränken als Kühlmittel dienen, gelangen oft bei der Verschrottung der Kühlschränke durch Lecks im Kühlkreislauf in die Atmosphäre. Insofern liegen schon heute einige Emissionen von morgen weitgehend fest.

logischen "Schadensdynamik" verliert die Logik der
Identifikation **emissionsbezogener** intertemporaler Umweltziele in Umweltallokationsmodellen somit an Über-
zeugungskraft. Bereits geringfügige Modelländerungen
haben zudem, so zeigten die Ausführungen, weitreichende
Konsequenzen für die Modellergebnisse.

Diese Aussagen sind jedoch möglicherweise zu relativieren, wenn der ökonomische Sektor der betrachteten
Modellwirtschaft detaillierter modelliert wird. Im folgenden Abschnitt werden Volkswirtschaften dargestellt,
denen verschiedene Möglichkeiten zur "aktiven" Anpassung an zunehmende Umweltknappheit zur Verfügung
stehen. Es zeigt sich, daß die genannten Identifika-
tionsprobleme bez. umweltpolitischer Ziele zwar fort-
bestehen, die Dringlichkeit der Umweltprobleme aber
gemildert werden kann.

3. Umweltallokation in einer anpassungsfähigen Volks-
   wirtschaft

In der Regel verfügen Volkswirtschaften neben der
"passiven" Drosselung schadstoffintensiver Aktivitäten
über viele Möglichkeiten der "aktiven" Umweltanpassung
durch spezifischen Ressourceneinsatz zur Minderung von
Umweltbelastungen, welche sich nach dem Eingriffspunkt
im Prozeß der Umweltbelastung und nach dem
Innovationsgehalt der Anpassungsmethode unterscheiden
lassen. Hier seien Aspekte umwelttechnischer Neuerungen
zunächst vernachlässigt und nur Anpassungen betrachtet,
die schon bekannt sind, aber bei Nulltarif der
Umweltnutzung nicht angewendet werden[51].

Eine Verminderung von Umweltschäden kann auf verschiedenen Stufen des Schädigungsprozesses ansetzen (vgl.

---

[51] Dies ist im Rahmen von Umweltallokationsmodellen
   eine zwar bedauerte (vgl. Siebert, 1978, S.44), aber
   gleichwohl übliche Annahme.

Abb.7). Die Verminderung von Umweltschäden kann durch
eine Verringerung der Immissionsbelastung oder durch
eine (nach Eintritt der Belastung erfolgende) Milderung
der Schäden erfolgen. Letztere verhindert nicht die Belastung selbst, sondern macht ihre Folgen erträglicher.
Im Falle der treibhausbedingten Erderwärmung wären als
Beispiele einer derartigen Schadensmilderungsstrategie
der Bau von Deichen und Standortverlagerungen in höher-
gelegene Regionen (um dem Anstieg des Meeresspiegels
auszuweichen) und die Züchtung hitzeresistenter Nutz-
pflanzen und -tiere zu nennen[52].

Die Verringerung der Immissionsbelastung kann an der
Quelle der Immissionen (den Emissionen) ansetzen oder
durch nachträgliche Neutralisierung von Immissionen im
Wege einer "Umweltreparatur" erfolgen. Beispiele einer
nachträglichen Umweltreparatur sind die Sanierung von
Altlasten (z.B. mittels Bakterien) oder das Kalken von
Waldböden und das "Belüften" sauerstoffarmer Gewässer.

Eine aktive Reduktion von Emissionen ist schließlich
durch Installation von Reinigungstechnologien, die den
Produktionsaktivitäten nachgeschaltet sind (additive
Umweltanpassung durch "end-of-pipe-Technologie"), durch
Austausch emissionsintensiver Produktionsverfahren gegen weniger emissionsintensive (integrierte Umweltanpassung)[53] und durch Veränderungen in der Zusammensetzung der sektoralen oder produktbezogenen Produkti-
onsstruktur (strukturelle Umweltanpassung)[54] möglich.

---

[52] Vgl. Seidel, Keyes (1983) sowie Kellogg, Schware
(1981), S. 103ff.

[53] Zimmermann (1985, S. 25) weist darauf hin, daß additive und integrierte Technologien nur die Pole eines
ganzen Kontinuums von Emissionskontrolltechnologien
darstellen, wobei z.B. Recyclingtechnologien einen
Mittelbereich beschreiben.

[54] Auf die Bedeutung struktureller Anpassung weist
insbesondere Jänicke mit Blick auf die umweltbezogenen Gratiseffekte des Niedergangs der sogenannten

Schließlich gibt es "scheinbare" Emissionsreduktionen durch Anpassungen, die durch Verschiebung von Umweltproblemen auf andere Teilbereiche kurzfristige und kleinräumige Löungen bieten[55]. Solche "Scheinlösungen" können z.B. auf regionalen (Emission in Region 2 statt in der betrachteten Region 1), medialen (z.B. Wasserverschmutzung statt Luftverunreinigung), temporalen (Zwischenlagerung gefährlicher Abfälle) oder schadstoffbezogenen Problemverschiebungen (Emission von Schadstoff x statt des betrachteten Schadstoffes y) beruhen[56]. In zeitlich, räumlich und sachlich "geschlossenen" Umweltallokationsmodellen spielen solche Fehlanpassungen allerdings annahmegemäß keine Rolle.

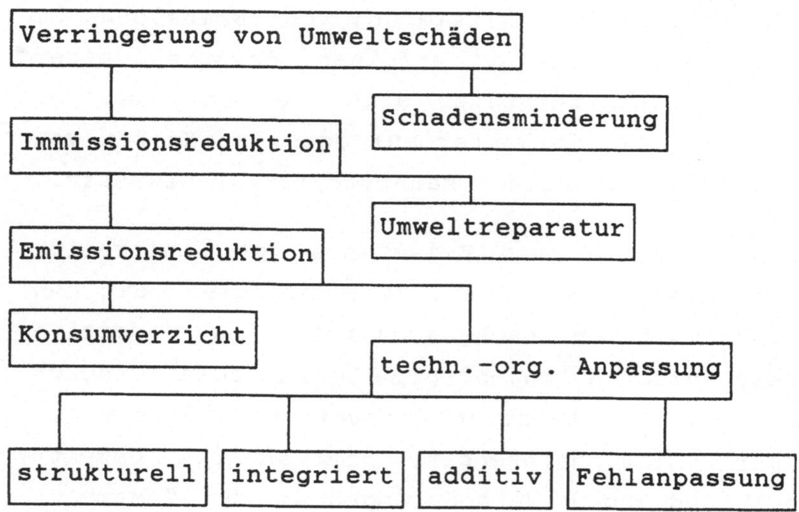

Abb.7: Varianten möglicher Umweltanpassung[57]

"Schornsteinindustrien" hin. Vgl. Jänicke (1986a) und (1986b).

[55] Vgl. Weidner (1985c), S. 184f.

[56] Der Bau hoher Schornsteine erhöht sogar (wegen der verlängerten Verweildauer der Schadstoffpartikel in der Atmosphäre) die Schadwirkung, statt sie - wie zunächst erhofft - zu verteilen und damit zu senken.

[57] Eine ähnliche Abbildung präsentiert Siebert (1976), S. 27.

Einige der genannten Möglichkeiten aktiver Umweltanpassung lassen sich problemlos in das dargestellte Umweltallokationsmodell integrieren[58]. Das erweiterte Problem besteht dann in einer optimalen Aufteilung gegebener Ressourcenbestände auf produktive und aktiv umweltentlastende Verwendungen.

Möglichkeiten der Umweltanpassung durch nachträgliche Milderung von Schäden oder Schadensfolgen oder durch Maßnahmen der "Umweltreparatur" können durch Berücksichtigung der Möglichkeit des Ressourceneinsatzes in "nachträglicher Umweltanpassung" R^{nu} z.B. in einer erweiterten Schadensfunktion

$$(22) \quad Q = Q(S, R^{nu}) , \quad \delta Q/\delta R^{nu} > 0$$

erfaßt werden.

Die Emissionsreduktion mittels nachgeschalteter Reinigungsanlagen wird z.B. durch Berücksichtigung möglichen Ressourceneinsatzes R^r in der Entsorgung erfaßt[59]. Erfolgt die Neutralisierung von Emissionen in sektoralen

---

[58] Die GVK-Kurve in Abb.3 (nun besser als Grenzvermeidungskostenkurve zu bezeichnen) erfaßt im Fall einer anpassungsfähigen Volkswirtschaft die Kosten aller bekannten Emissionsreduktionsmaßnahmen und spiegelt dann den vermeidungstechnischen Kenntnisstand der betrachteten Volkswirtschaft wider. Herz, Schön (1987, S. 10ff.) ermitteln solche Kurven unter Verwendung statistisch verfügbarer Werte für die Emissions-, Preis- und Kostenstrukturen für mehrere Technologien der Energieumwandlung und der Emissionsminderung in einem Optimierungsmodell für die "Leitschadstoffe" SO_2 und NO_x.

[59] Faber, Niemes, Stephan (1983b, S. 97) definieren Entsorgung als "vollständige oder teilweise Überführung von Stoffen, die die Umwelt belasten oder schädigen in einer Form, sodaß die entstehenden Reststoffe entweder in der Produktion wiederverwendet, deponiert oder ohne Schaden in die Umwelt geleitet werden können."

Entsorgungsprozessen[60], so ergeben sich die beseitigten Emissionen E^r_j aus sektoralen "Entsorgungsproduktions-funktionen"

(23) $E^r_j = f^r_{ej}(R^r_j)$, $f'^r_{ej} > 0$ $\qquad$ $j = 1,...,J.$

Die sektorale Nettoemission E^n_j ergibt sich als sektorale Gesamtemission abzüglich beseitigter Emissionen:

(24) $E^n_j = E_j - E^r_j$[61] $\qquad\qquad$ $j = 1,...,J.$

Der Schadstoffbestand ändert sich dann gemäß

(24a) $\dot{S} = \sum_j E^n_{jt} - A_t$

in Abhängigkeit von der gesamten Nettoemission[62]. Das Emissionsniveau läßt sich nun durch Drosselung des produktiven Ressourceneinsatzes und/oder durch steigenden Ressourceneinsatz in aktiver Umweltanpassung[63] senken.

Die modellhafte Berücksichtigung integrierter Umwelt-anpassungen setzt in jedem Sektor die Kenntnis mehrerer unterschiedlich emissionsträchtiger Produktionsver-fahren (d.h. formal: mehrerer Produktions- und Emissionsfunktionen je Sektor) voraus. Die Berücksich-tigung sozialer Zusatzkosten der Produktion bewirkt dann sowohl eine intersektorale als auch eine

---

[60] Alternativ denkbar wäre ein zentraler Entsorgungs-sektor. Vgl. dazu die Diskussion bei Faber, Niemes, Stephan (1983b), S. 98 und S. 106.

[61] Ressourcenallokationen, die rechnerisch zu negativer sektoraler Nettoemission führen, sind unsinnig (in formaler Sprache: unzulässig).

[62] Auf eine ausführliche formale Präsentation und Dis-kussion dieses erweiterten Modells wird verzichtet (vgl. Siebert, 1987b, Kap3).

[63] So verlagert die Klöckner-Humboldt-Deutz AG im Unternehmensbereich Industrieanlagen ihre Aktivitä-ten von Produktions- zu Kläranlagen (vgl. entspre-chende Bemerkungen im Geschäftsbericht der Klöckner-Humboldt-Deutz AG von 1985, S. 26ff.).

"intertechnologische" Ressourcenumschichtung von emissionsintensiven zu umweltschonenderen Verfahren.

In einem detaillierteren Umweltallokationsmodell wären alle diese Anpassungsoptionen simultan zu berücksichtigen. Es wäre eine Wohlfahrtsfunktion unter den für alle Ressourcenverwendungen bestehenden Nebenbedingungen und einer modifizierten Ressourcenrestriktion zu maximieren. Die grundlegende Optimalitätsaussage, daß im Optimum die Grenzerträge in allen Ressourcenverwendungen ausgeglichen sein müssen, bleibt davon unberührt. Die Bedeutung der in Abschnitt I.B.2. angedeuteten Komplikationen hinsichtlich der Identifikation umweltbezogener Wohlfahrtsoptima bei einer komplizierteren Zeitstruktur von Umweltproblemen wird durch die beschriebenen Möglichkeiten aktiver Umweltanpassung gemildert, jedoch nicht grundsätzlich beseitigt. Zwar bewirkt ein Ressourceneinsatz in der "Umweltreparatur" (in Abb.6) eine Verschiebung der $\dot{Q}=0$-Kurve nach oben und erleichtert ein Ressourceneinsatz in der Entsorgung die beschriebene Verschiebung der $\dot{S}=0$-Geraden, sofern aber diese Möglichkeiten begrenzt sind (etwa aufgrund abnehmender Ertragszuwächse bei Ressourceneinsatz in der Umweltreparatur), können ungünstige Entwicklungen (vgl. Punkte Z in Abb.6) nicht ausgeschlossen werden. Bei Umweltproblemen mit einer komplexen zeitlichen Struktur ist die Identifikation von Umweltzielen in Umweltallokationsmodellen somit auch für Volkswirtschaften mit Möglichkeiten zur aktiven Umweltanpassung unbefriedigend.

Komplexe Umweltprobleme sind jedoch nicht nur durch zeitliche Problemstruktur, sondern auch durch räumliche Ausdehnung und Unsicherheit der Schadenszusammenhänge gekennzeichnet. Die Ermittlung allokationstheoretisch fundierter Umweltziele stößt bei Berücksichtigung dieser Aspekte auf grundsätzliche Probleme, die im folgenden Abschnitt dargestellt werden sollen.

C. Grenzen der Ermittlung optimaler Umweltnutzung bei komplexen Umweltproblemen

Die Ermittlung eines Umweltallokationsoptimums erfordert eine "allwissende" und "allmächtige" fiktive umweltpolitische Instanz[1]. Eine optimale Umweltnutzung kann nur identifiziert werden, wenn die gesellschaftliche Präferenzordnung bezüglich materiellen und immateriellen Konsums und die tatsächlichen ökologischen Schadenszusammenhänge vollständig bekannt sind und ein als optimal ermittelter Umweltnutzungspfad auch durchgesetzt werden kann. Man muß mit anderen Worten ein Allokationsproblem kennen, um es lösen zu können, und man muß es auch lösen dürfen.

Die Problematik dieser zentralen Annahmen angesichts komplexer Umweltprobleme ist nun zu untersuchen.

1. Kenntnis gesellschaftlicher Umweltbewertung

In den dargestellten Allokationsmodellen wurde durch Vorgabe (auch) von der Umweltqualität abhängiger Wohlfahrtsfunktionen die Kenntnis gesellschaftlicher Umweltbewertung einfach unterstellt. Die umweltbezogenen gesellschaftlichen Präferenzen sind jedoch nicht von vornherein bekannt, sondern zunächst zu ermitteln.

Zwei Strategien zur Ermittlung der gesellschaftlichen Umweltbewertung werden diskutiert[2]: Erstens Methoden der "indirekten Beobachtung", zweitens der Entwurf von

---

[1] Ob eine solche Instanz die optimale Ressourcenallokation, die optimalen Immissions- und Emissionswerte oder das optimale Schattenpreissystem zu ermitteln und durchzusetzen hat, ist für diese Bedingungen unerheblich.

[2] Eine Übersicht über Methoden und Probleme der Ermittlung umweltbezogener Präferenzen liefern Siebert (1978), S. 70ff. und S. 91ff. und Endres (1981),S. 251ff., kritisch Meixner (1980), S. 71ff. und Weimann (1987), S. 278 ff.

Steuerungs- und Sanktionsmechanismen, welche die Individuen im Rahmen von Zahlungsbereitschaftsanalysen zu einer wahrheitsgemäßen Offenbarung ihrer Präferenzen veranlassen sollen.

Die indirekte Beobachtung bezieht sich auf den Niederschlag von Umweltschäden in beobachtbaren Marktdaten für private Güter[3].

So läßt sich z.B. der Einfluß divergierender regionaler Umweltqualität auf interregionale Wanderungsbewegungen, auf Gebäude- und Grundstückspreise, auf land- und forstwirtschaftliche Erträge, auf Produktionsausfälle im Zusammenhang mit schlechter Qualität von Umweltrohstoffen (Wasser in der Brauerei) und im Zusammenhang mit umweltbedingten Gesundheitsschäden der Belegschaft untersuchen[4]. Die ermittelten Wert- und Kostendifferenzen können allerdings nur als Untergrenze für die tatsächliche Bewertung der Umweltqualität interpretiert werden, da sie auf unvollständigen Listen möglicher Schadenswirkungen beruhen[5]. Dieses Vorgehen ist zudem mit technischen, prinzipiellen und mit Wahrnehmungsproblemen verbunden.

Das technische Problem besteht in der Isolation umweltbedingter Änderungen von Marktgrößen von deren "autonomer" Entwicklung[6]. So ist z.B. der umweltbedingte Anteil regionaler Differenzen von Immobilienpreisen, regionaler Lohn- und Gehaltsdifferenzen, regionaler

---

[3]   Vgl. z.B. Siebert (1978), S. 70ff.

[4]   Es gibt bereits mehrere solcher Untersuchungen. Vgl. z.B. Frey, Gysin, Leu (1985) für die Schweiz und Ewers (1986) und Wicke (1986) für die Bundesrepublik.

[5]   Dies betont insbesondere Wicke (1986), S. 127ff. mit Hinweis auf "nicht rechenbare" Umweltschäden (z.B. psychosoziale Kosten, Minderung schwer meßbarer Optionswerte und ökologische Risiken).

[6]   Vgl. Meixner (1980), S. 71.

Differenzen hinsichtlich land- und forstwirt-
schaftlicher Erträge und hinsichtlich der Krankheitskosten durch indirekte Beobachtung kaum zu isolieren.

Damit verwandt sind die Wahrnehmungsprobleme bei der
Bewertung von Umweltschäden. Aufgrund (anfänglich) geringer Fühlbarkeit und partieller Unkenntnis über die
volle Schadenswirkung erfassen indirekte Beobachtungen
stets nur die Bewertung des Teils der Schäden, der
schon in das Bewußtsein der beobachteten Marktteil-
nehmer gedrungen ist. Beispielsweise können Krankheiten, die zu hohen Krankheitskosten führen, statt -
wie vermutet - ernährungsbedingt, tatsächlich umwelt-
bedingt verursacht sein. Diese Fehleinschätzung hätte
eine Unterbewertung von Umweltschäden zur Folge.[7]

Prinzipielle Probleme der indirekten Bewertung existieren in zweierlei Hinsicht.

Zum einen ist die Bewertung der Umweltqualität bei diesem Vorgehen **abgeleitet** aus der Bewertung anderer
Güter. Der "Eigenwert" der Umweltqualität wird nicht
erfaßt, soweit er sich nicht unmittelbar in der Bewertung privater Güter niederschlägt[8]. Nur ein Teil des
gesamten Wertsystems aber kann sich am Markt artiku-
lieren (vgl. Kapp, 1972, S. 242).

Ein prinzipielles Problem ergibt sich zweitens bei dem
Rückschluß von Marktdaten auf die Bewertung von Umwelt-
qualität aufgrund mangelnder Trennbarkeit von umwelt-
bezogener Zahlungsbereitschaft und Zahlungsfähigkeit[9].
Die indirekt beobachtete Umweltbewertung beruht zum
Teil auf einer (möglicherweise als ungerecht empfun-

---

[7] Im genannten Beispiel ist freilich auch der umge-
kehrte Bewertungsfehler vorstellbar (Überbewertung
von Umweltschäden).

[8] Vgl. Flassbeck, Maier-Rigaud (1982), S. 36f., Weimann (1987), S. 307f.

[9] Vgl. Endres (1985, S. 8), Kapp (1972, S. 241).

denen) Einkommensverteilung. Da diese Einkommensverteilung aber ihrerseits zum Teil durch umweltbezogene Externalitäten mitbestimmt ist, deren Bewertung sie selbst beeinflußt, ergibt sich bei der Suche nach der richtigen Bewertung der Umweltqualität ein theoretischnormativer Zirkelschluß[10].

Einige Mängel der indirekten Bewertung der Umweltqualität lassen sich durch einen Übergang zu "direkten" Zahlungsbereitschaftsanalysen vermeiden. So entfallen z.B. die technischen Probleme der Isolation von Umweltwirkungen auf die entsprechenden Beobachtungsgrößen. Die wahre Zahlungsbereitschaft von Individuen für eine Verbesserung der Umweltqualität enthält eine volle Bewertung der Umweltqualität, nicht nur den marktmäßigen Niederschlag.

Erkauft werden diese Vorteile der Zahlungsbereitschaftsanalyse jedoch mit dem Freifahrerproblem, d.h. mit dem Problem strategisch verzerrter Angaben zur Zahlungsbereitschaft. Der Trittbrettfahrer verschleiert sein Interesse an Maßnahmen zur Steigerung der Umweltqualität, um in den Genuß der Umweltqualität zu kommen, ohne einen seiner "wahren" Zahlungsbereitschaft entsprechenden Beitrag leisten zu müssen[11]. Hier setzen die angedeuteten "Präferenzaufdeckungsmechanismen" zur Bestimmung der gewünschten Menge öffentlicher Güter an.

Diese erreichen idealerweise durch eine Kopplung von Fragen zum gewünschten Niveau öffentlicher (Umwelt)Güter mit entsprechenden Finanzierungsvorschlägen,

---

[10] Vgl. Meixner (1980), S. 72ff.

[11] Dieses Verhalten hat eine Tendenz zur "Unterversorgung mit Umweltqualität" zur Folge.

daß es sich für jeden Befragten lohnt, seine wahren Präferenzen zu offenbaren[12].

So wird z.B. die Clarke-Steuer zur Finanzierung öffentlicher Güter bei der Bestimmung der gewünschten Angebotsmenge eines öffentlichen Gutes von jedem Individuum erhoben, dessen offenbarte Präferenzen die soziale Wahl der Menge des öffentlichen Gutes ändern würde, und zwar in Höhe der durch diese Änderung bei den anderen Befragten anfallenden Nutzeneinbußen. Jeder Befragte vergleicht daher - soweit möglich - seinen eigenen Vorteil durch eine Änderung der bereitgestellten Menge des öffentlichen Gutes mit den dadurch bei anderen verursachten Nachteilen. Der Groves-Ledyard-Mechanismus sanktioniert die Abweichung individuell bekundeter Präferenzen vom Durchschnitt und führt (bei Korrektur der Präferenzen nach abweichungsbedingter Belastung) in einem Iterationsverfahren zur "Harmonisierung" aller Präferenzen.

Abgesehen von sonstigen Mängeln solcher Verfahren der sozialen Wahl (in Bezug auf die Clarke-Steuer ist das staatliche Budget nicht ausgeglichen und es stellt sich die Frage nach der Behandlung der Budgetungleichgewichte; bezüglich des beschriebenen Iterationsverfahrens ist der hohe Zeit- und Informationsbedarf zu bemängeln) ist deren Anwendung auf das öffentliche Gut Umweltqualität fragwürdig. Die Umweltqualität ist nicht nur das Resultat öffentlich bereitgestellter Mittel des "aktiven" Umweltschutzes, sondern auch Folge individueller Emissionsentscheidungen. Die umweltbezogenen Präferenzen richten sich somit auch auf das private Verhalten "des Nachbarn". Also müßte sich der Präferenzaufdeckungsmechanismus zugleich auch auf das individuelle Emissionsverhalten beziehen. Die Anwendung

---

[12] Solche Mechanismen werden bei Siebert (1987b), S. 87f. und bei Weimann (1987), S. 279f. verbal erläutert und von Pethig (1979) formal analysiert.

solch "doppelt wirksamer" Mechanismen ist vermutlich mit prohibitiv hohen Transaktionskosten verbunden.

Weiterhin besteht zudem in vollem Umfang das prinzipielle Problem des Zusammenhangs zwischen Zahlungsbereitschaft, Einkommensverteilung und Umweltbewertung.

Die gesellschaftliche Umweltbewertung ist also nicht vollständig ermittelbar. Rechnungen über den Wert der Umwelt sind - auch angesichts lückenhafter Kenntnisse über die wahren Schadenszusammenhänge - somit stets ungenau und eher als politisches Signal zu verstärkten Umweltschutzanstrengungen zu verstehen[13].

2. Berücksichtigung künftiger Bedürfnisse

Die angedeuteten Probleme der Ermittlung von Umweltpräferenzen beziehen sich auf **zeitpunktbezogene** Umweltbewertung (künftige Marktpreise und Zahlungsbereitschaften können nicht beobachtet werden!).

Ein zentrales Problem ist angesichts der in Abschnitt B.2 angedeuteten zeitlichen Tiefenstruktur komplexer Umweltprobleme jedoch auch die Berücksichtigung künftiger Bedürfnisse[14]. Bei der Suche nach einer wohlfahrtsmaximierenden Umweltnutzung muß die heutige Generation willkürlich (d.h. ohne Beteiligung künftiger Generationen) über die anzusetzende Höhe der gesellschaftlichen Zeitpräferenzrate r, über die Länge des Planungszeitraumes $[t_0, \tau]$ und gegebenenfalls über Endbedingungen bezüglich des Zustandes der Umwelt am Ende des Pla-

---

[13] So präsentiert Wicke (1986, S. 136f.) Nutzen-Kosten-Relationen für (öffentliche) Umweltinvestitionen von 3 zu 1 im Bereich der Luftreinhaltung und zwischen 1,7 zu 1 und 2,3 zu 1 im Bereich des Gewässerschutzes, gesteht aber zu, daß dies allenfalls Näherungswerte sein können.

[14] Auf dieses Problem weist bereits Mishan in seiner Kritik des Coase-Theorems hin. Vgl. Mishan (1971), S. 25.

nungszeitraumes entscheiden und muß ferner Annahmen über die Gestalt der periodenbezogenen Wohlfahrtsfunktionen W_t (t aus $[t_0, \tau]$) treffen[15].

Die Wahl der Zeitpräferenzrate legt die Gewichtung künftiger Bedürfnisse im Vergleich mit gegenwärtigen fest[16]. Je höher diese Rate, desto schächer gehen künftige Bedürfnisse in das Wohlfahrtsfunktional Ω (Gleichung (12)) ein. Die ethische Rechtfertigung einer Diskontierung künftiger Bedürfnisse ist umstritten[17].

Eine Diskontierung wäre ethisch zu rechtfertigen, wenn unterstellt werden kann, daß künftige Generationen (z.B. aufgrund technischen Fortschritts, dessen Zustandekommen aus heutigem Konsumverzicht finanziert wird) materiell besser gestellt sein werden als die heutige Generation, der Grenznutzen einer heutigen Wohlfahrtssteigerung daher höher ist als der einer künftigen Wohlfahrtssteigerung. Dann ist eine Diskontierung künftiger Bedürfnisse sehr wohl mit intergenerationeller Gerechtigkeit vereinbar[18]. Die höhere künftige

---

[15] Letztere Entscheidung ist reine Willkür. Nach dem Prinzip des unzureichenden Grundes wären für alle Perioden identische Wohlfahrtsvorstellungen anzunehmen ($W_{t_0} = W_t = W_\tau$).

[16] D'Arge, Schulze, Brookshire (1982), S. 251 illustrieren die große praktische Bedeutung der Diskontrate für diese Gewichtung an einer fiktiven Beispielrechnung.

[17] Vgl. Heal (1980), S. 51ff., Solow (1974), Zimmermann (1984), S. 3f. Die berühmte Frage Heilbronners: "What has posterity ever done for me?" (1974) illustriert die ethische Problematik dieser Frage.

[18] Siebert argumentiert im Zusammenhang mit dem Problem erschöpfbarer Ressourcen, heute habe (rückblickend) niemand das Recht, von der um die Jahrhundertwende lebenden Generation einen sparsamen Umgang mit Rohstoffen zu verlangen (1978, S. 151). Treten jedoch Irreversibilitäten der Umweltnutzung auf, so trifft das Argument, reichere künftige Generationen könnten die Kosten der Schadensbeseitigung leichter tragen als heutige, wegen der dann ins Unendliche gestiegenen Kosten nicht mehr zu (Siebert, 1987a, S. 26).

Wohlfahrt kann freilich nur vermutet, nicht aber be-
wiesen werden. Zudem ist die Argumentation mit technischem Fortschritt im Zusammenhang mit Allokationsmodellen, die den technischen Fortschritt weitgehend
ausklammern, unbefriedigend.

Ferner wird eine Diskontierung mit dem Hinweis auf die
positive Wahrscheinlichkeit eines "Weltuntergangs"
(z.B. durch einen Atomkrieg) vor Ende des Planungszeitraumes gerechtfertigt[19]. An sich gleichrangige Bedürfnisse künftiger Generationen wären dann gemäß der Wahrscheinlichkeit ihrer tatsächlichen Existenz mit einem
Unsicherheitsfaktor (einer Diskontrate) zu korrigieren.

Die Höhe der Diskontrate bleibt jedoch unabhängig von
ihrer Rechtfertigung willkürlich. Wird z.B. einzelnen
Individuen eine "defective telescopic faculty" unterstellt[20], d.h. eine gegen ihr "eigentliches" Interesse
überhöhte Gegenwartsvorliebe aus Mangel an Vorstel-
lungsvermögen über künftige Bedürfnisse, so ist eine
gesellschaftliche Diskontrate zu fordern, die unterhalb
der individuellen (z.B. in Marktzinsen reflektierten)
Diskontraten liegt[21]. Soziale politische Entscheidungen
sollen demnach "weitsichtiger" ausfallen als private
Entscheidungen.

---

[19] Vgl. Heal (1980), S. 53.

[20] Vgl. z.B. Bonus (1972).

[21] Neuere psychologische Forschungsergebnisse, die zeigen, daß die menschliche Fähigkeit zur Imagination
exponentieller Entwicklungen mangelhaft ausgeprägt
ist (Dörner, 1981, S.26-29), stützen die Berechtigung der Annahme einer "defective telescopic faculty" und bestätigen zugleich die evolutionsbiologische Erkenntnis, daß das menschliche Gehirn zum
Überleben und nicht zur Erkenntnis der Wahrheit geschaffen ist (v. Ditfurth, 1976). Da Umweltänderungen in der menschlichen Entwicklungsgeschichte langsam erfogten, war "lineares Denken" zur "Umweltbe-
wältigung" weitgehend hinreichend, versagt aber
gegenüber heutigen schnellen Umweltänderungen.

Die Gewichtung künftiger Bedürfnisse schlägt sich auch in der Wahl der Länge des Planungszeitraums nieder. Je kürzer der Planungshorizont, desto mehr Generationen werden bei heutigen Allokationsentscheidungen gänzlich übergangen (gleichbedeutend mit vollständiger Diskontierung ihrer Bedürfnisse). Wird ein endlicher Planungszeitraum gewählt, stellt sich zudem die Frage nach dem Zustand der Umwelt (Umweltqualität) am Ende des Planungszeitraums[22]. Dazu seien zwei Extrempositionen skizziert:

Nach einer der intergenerativen Gleichbehandlung verpflichteten Vorstellung sollte die Umweltqualität am Ende des Planungszeitraums nicht schlechter sein als zu Beginn. Formal wären bei der Maximierung von (12) als zusätzliche Nebenbedingung die Endbedingungen

(25a) $Q_T \geq Q_{t_0}$ und

(25b) $S_T \leq S_{t_0}$

zu berücksichtigen. Diese Vorstellung vernachlässigt eine mögliche Kompensation des Verlusts an Umweltqualität durch zusätzlichen (künftigen) materiellen Reichtum. Eine periodenegoistische Vorstellung ("nach uns die Sintflut") besteht dagegen in der Forderung nach völliger Ausbeutung der Umwelt im Planungszeitraum. Formal gilt dann die zusätzliche Endbedingung:

(26) $Q_T = 0$.

Die Höhe von S_T ist hier unbestimmt.

Die Wahl der Endbedingungen wird allerdings durch die Startbedingungen (Bestände von Q und S in t_0) einge-

---

[22] Werden - um den Willkürakt der Wahl eines "Planungsendes" zu umgehen - unendliche Planungszeiträume unterstellt, so entfällt dieses Problem. Vgl. z.B. Gebauer (1985), S. 48f. Unendliche Planungszeiträume sind freilich unrealistisch.

schränkt. Eine egalitäre Zielvorstellung hinsichtlich der Umweltqualität am Ende des Planungszeitraums ist bei ungünstigen Startbedingungen möglicherweise nicht erreichbar.

Die "richtige" Berücksichtigung künftiger Bedürfnisse ist insgesamt weder mit Gerechtigkeitsüberlegungen noch durch formale "Feinabstimmung" des zu lösenden intertemporalen Optimierungsproblems eindeutig zu ermitteln[23].

Die Ermittlung intertemporaler Umweltallokationsoptima wird insgesamt also dadurch erschwert, daß die gesellschaftliche Bewertung von Umweltqualität (Umweltschäden) kaum exakt möglich ist und die Gewichtung künftiger Bedürfnisse nur willkürlich erfolgen kann.

3. Unsicherheit ökologischer Schadenszusammenhänge

Die Kritik an der Allwissenheitsannahme bezieht sich im Zusammenhang mit der Untersuchung komplexer Umweltprobleme insbesondere auf die unterstellte vollständige Kenntnis ökologischer Schadenszusammenhänge. Der dargestellte große Einfluß der "Feinmodellierung" des ökologischen Sektors auf die Modellergebnisse unterstützt demgegenüber die hier vertretene Skepsis hinsichtlich dieser Annahme. Gerade komplexe Umweltprobleme sind

---

[23] Das (moralische) Bewußtsein für "die Verantwortung für das biogenetische Potential... für die langfristige Existenz des Allgemeinen, die der Verlockung kurzfristig rationaler Kalkulation des Besonderen trotzt" (Zimmermann, 1984, S. 3) ist m.E. wenig entwickelt. Die tatsächliche Minderschätzung künftiger Bedürfnisse läßt sich als Ergebnis eines Verhandlungsprozesses zwischen den Generationen (über die Umweltqualität) interpretieren, bei denen künftige Generationen nicht am Verhandlungstisch sitzen. Ob das durch Vererbbarkeit privaten Eigentums oder durch elterliche Liebe "intergenerativ verlängerte Eigeninteresse" (Zimmermann, 1984, S. 15) für eine "angemessene" Berücksichtigung künftiger Bedürfnisse ausreicht, erscheint zweifelhaft.

hinsichtlich ihrer genauen Schadenszusammenhänge bei weitem nicht vollständig bekannt[24]. Regelmäßig ändern naturwissenschaftliche Forschungsergebnisse den aktuellen umweltbezogenen Wissensstand. Ökonomische Aktivitäten sind angesichts dieser ökologischen Unsicherheit stets mit Umweltrisiken behaftet. Ihre Umweltauswirkungen sind zum Teil a priori nicht bekannt und werden erst ex post sichtbar (vgl. Siebert, 1986, S. 1). Zudem ist zumeist auch der momentane Zustand der Umweltsysteme (der augenblickliche Zustandspunkt in Abb.6) unbekannt.

Folgende Typen von Informationslücken bzw. Umweltrisiken lassen sich unterscheiden[25]:

Unklar ist oft, welche Stoffe wie schädlich sind (Inzidenzrisiko), wie schnell sich Schadstoffe in den Umweltmedien ausbreiten und anreichern (Diffusionsbzw. "Inkubations"risiko), wie lange sie dort verweilen und wirken (Akkumulationsrisiko), welche Wirkungen sie bei simultaner Präsenz entfalten (Synergierisiko) und inwieweit eingetretene Umweltschäden durch Schonung der Umwelt oder Umweltreparatur wieder rückgängig gemacht werden können (Irreversibilitätsrisiko).

Die Bedeutung dieser Informationslücken kann durch rudimentäre formale Berücksichtigung illustriert werden.

So besteht das Diffusions- bzw. Inkubationsrisiko verzögerten Eintritts emissionsbedingter Umweltschäden darin, daß diese Schäden während einer unerwartet langen Inkubationszeit des Ökosystems nicht sichtbar werden und daß die betreffende Schädigung zwischenzeitlich

---

[24] Vgl. beispielsweise Cowling, Krahl-Urban, Schimanski (1987) zur Vielzahl z.T. widerstreitender Hypothesen zum Waldsterben.

[25] Vgl. zum folgenden Katalog von Umweltrisiken Siebert (1986), S. 4ff.

unterschätzt wird. Wird der in Gleichung (21) skizzierte Schadenszusammenhang zwar erkannt, werden die Inkubationszeiten x und y jedoch unterschätzt, so wird das gesamte Umweltproblem schon allein deshalb unterschätzt, weil der aktuelle Umweltschaden fälschlicherweise den aktuellen (hohen) statt den früheren (niedrigen) Emissionen zugerechnet wird. Die zwischenzeitlich verursachten (z.T. irreversiblen) Umweltbelastungen sind daraufhin größer als zunächst vermutet. Insofern ist es umweltpolitisch zumeist "später als gedacht". Vormals optimale Umweltallokationsentscheidungen erweisen sich nachträglich als suboptimal.

Eine modellhafte Erfassung der Inzidenz- und Synergierisiken erfordert die begriffliche Trennung zwischen bekannten Emissionen E_b und unbekannten Emissionen E_u.

Setzt sich die "wahre" Gesamtemission E aus der Emission E_s unterschiedlicher Schadstoffe s zusammen, so bezieht sich das Inzidenzrisiko auf die Wahl der Schadensgewichte g_s dieser einzelnen Stoffe. Es gilt:

$$(27) \quad E = \sum_s g_s E_s .$$

Sind nicht alle Umweltwirkungen ökonomischer Aktivitäten bekannt, ist somit die wahre Inzidenz- und Synergiewirkung von Stoffen größer als die vermutete, so unterschreiten die zur Ermittlung der Gesamtemission E angesetzten Schadensgewichte g'_s die "wahren" Gewichte g_s[26]. Die Differenz zwischen tatsächlicher und vermuteter bzw. bekannter Emissionswirkung $(E - E_b)$ kann als unbekannte Emission E_u gedeutet werden. Die evolutionsbiologische These, daß hochentwickelte, auf spezielle Umweltmilieus "spezialisierte" Organismen (z.B. der Mensch) von schnellen Umweltveränderungen

---

[26] Ist ein bestimmter Schadstoff bislang unbekannt, so wird statt der wahren Gewichtung $(g_s > 0)$ die Gewichtung $g'_s = 0$ unterstellt.

zumeist negativ betroffen werden (da sie dann schnell
"fehlspezialisiert" sind), wird in der politischen
Debatte um das Ausmaß von Umweltschäden kaum beachtet.
Dies berechtigt m.E. die Annahme, daß auch heute noch
Umweltschäden eher unter- als überschätzt werden, daß
also $E > E_b$ und $E_u > 0$.[27]

Als z.B. zunächst das Schwefeldioxid als Hauptursache
des sauren Regens verdächtig war, wurde das Umweltziel
auf die Reduktion von SO_2 konkretisiert. Später stellte
sich heraus, daß die Schadwirkung von Stickoxid unterschätzt (das Schadensgewicht g für Stickoxid zu niedrig
angesetzt) wurde. Zwischenzeitlich führte diese Unklarheit zu umweltpolitischer Fehlsteuerung.

Reagieren ökologische Systeme ähnlich den in Abb.6
"porträtierten", ist ein Abgleiten in Bereiche negativer Eigendynamik aufgrund derartiger (temporärer) Fehl-
steuerungen nicht auszuschließen.

Diese Informationsprobleme entwerten auch einen alternativen Vorschlag zur Umweltzielbildung, nach dem
Naturwissenschaftler (Ökologen) Höhe und Verschärfung
von Umweltstandards festlegen, welche als Schwellen-
werte gelten können, unterhalb derer ein "Umkippen"
ökologischer Systeme auszuschließen ist. Bonus (1972,
S.343) erläutert diese Idee wie folgt (Hervorhebung im
Original):

"Eine unbedingt einzuhaltende **Mindestqualität** der
Umwelt ergibt sich ... direkt aus der Notwendigkeit,
das ökologische Gleichgewicht zu wahren. Diese Mindestqualität unterliegt **nicht** den Präferenzen der Wirt-

---

[27] Diese Annahme beruht zudem auf einem Vorsichts-
prinzip ähnlich dem eines Skatspielers, der bei
einer Spielentscheidung stets die für ihn ungün-
stigste Verteilung der Spielkarten bei den Mit- bzw.
Gegenspielern einkalkuliert. Eine Überschätzung von
Umweltproblemen ist eben weniger "riskant" als deren
Unterschätzung.

schaftssubjekte; sie ist ein Datum des ökologischen
Systems".

Dieser - ohnehin umstrittene[28] - Vorschlag zur umweltpolitischen Zielbildung führt bei gravierenden ökologischen Informationslücken nicht zu "ökologisch sicheren"
emissionsmengenbezogenen Zielwerten; selbst Ökologen
werden aus Unkenntnis über die wahren Schädigungs-
zusammenhänge zumeist nicht die Emissionsstandards angeben können, die ein ökologisches Gleichgewicht bzw.
eine Mindestqualität der Umweltmedien sicherstellen.

Zwar ist es sinnvoll, emissionsmengenbezogene Umweltziele zu formulieren, aufgrund von Informationslücken
lassen sich diese aber weder aus theoretischen
Allokationsüberlegungen noch mithilfe naturwissenschaftlicher Vorgaben als eindeutige "Punktziele"
herleiten; man sollte in dieser Lage zu Emissions-
reduktionszielen übergehen und diese um (noch zu disku-
tierende) umwelttechnologische Ziele ergänzen.

Insgesamt stellt sich die implizite Allwissenheitsannahme der in Abschnitt B dargestellten Allokationsmodelle als Utopie heraus, die, sofern der Eindruck
entsteht, mit der Einhaltung von Umweltstandards seien
auch die komplexen Umweltprobleme "im Griff", einer Unterschätzung realer Umweltprobleme Vorschub leistet[29].

---

[28] Weimann (1987, S. 333) sieht durch die Abkoppelung
der Bestimmung der optimalen Umweltqualität von
individuellen Präferenzen das Selbstbestimmungsaxiom
der neoklassischen Theorie verletzt. Überdies stellt
sich die Frage, ob wirklich vorstellbar ist, daß
Ökologen im politischen Prozeß der Festlegung von
Umweltstandards eine derartige Schlüsselrolle werden
behaupten können.

[29] Auch Kapp (1972, S. 235) vermutet, daß eine ober-
flächliche Analyse ökonomisch-ökologischer Systemzu-
sammenhänge tendenziell "zu einer Verengung des
Blickfeldes und einer Unterschätzung der Gravidität
der Umweltschäden" führt, "woraus sich gleichzeitig
eine falsche Einschätzung der relativen Wirksamkeit
von Umweltschutzmassnahmen ergeben kann".

Wären freilich alle erforderlichen Kenntnisse vorhanden, könnte nur eine allmächtige Instanz die erforderlichen umweltpolitischen Konsequenzen ziehen. Auch eine solche Allmacht kann aber kaum unterstellt werden.

4. Grenzen der umweltpolitischen Reichweite

Jeder denkbaren umweltpolitischen Instanz sind innere und äußere Schranken der Realisierung von Umweltzielen gesetzt. Die inneren Schranken resultieren aus der Einbindung in das politische "Kräftefeld". Umweltziele konkurrieren - schon bei dem Wettbewerb der Ressorts um das staatliche Budget - mit anderen (z.B. sozialen oder wirtschaftlichen) Zielen, was eine der umfassenden gesellschaftlichen Wohlfahrt verpflichtete (fiktive) Instanz zu berücksichtigen hätte. Auch der politische Prozeß des Wettbewerbs partieller Interessengruppen um politischen Einfluß bewirkt angesichts drohender negativer Struktur- und Beschäftigungseffekte die größten Abstriche bei der Formulierung (und Umsetzung) von Umweltzielen[30]. Insofern lassen sich Umweltziele in einer wachsenden und von den Vorteilen einer marktwirtschaftlichen Ordnung profitierenden Wirtschaft leichter als in einer stagnierenden Wirtschaft durchsetzen.

Die äußeren Schranken sind getrennt für die Schädigung globaler und nationaler Umweltfaktoren zu betrachten.

a) Globale Umweltfaktoren

Globale Umweltfaktoren stellen dem umweltpolitischen In- und Ausland[31] die gleiche Umweltqualität zur Verfü-

---

[30] Intertemporale Umweltallokationsoptima können demgegenüber nur erreicht werden, wenn angekündigte Steuerungseingriffe glaubhaft sind.

[31] Die Begriffe "Inland" und "Ausland" werden absichtlich unpräzise gebraucht. Je nach Fragestellung und umweltpolitischer Integration kann beispielsweise die Bundesrepublik, die europäische Gemeinschaft, die Mitglieder der OECD oder eine andere Staaten-

gung. Insofern besteht umweltbezogene Problemidenti-
tät[32]. Bei der Schädigung globaler Umweltfaktoren (globale Umweltprobleme) resultieren äußere Schranken daraus, daß die Dimension dieser Umweltprobleme die umweltpolitische "Reichweite" nationaler Instanzen übersteigt. So stammte im Jahr 1982 nur etwa die Hälfte der
täglichen Schwefelablagerungen in der Bundesrepublik
aus inländischen Quellen[33].

Durch internationale Zusammenarbeit im Umweltschutz
könnte diese Diskrepanz bei entsprechendem Kompetenz-
verlust nationaler Instanzen (im Extrem: Bildung einer
Umweltsuperbehörde mit globalen Kompetenzen) aufgehoben
werden.

Eine solche Zusammenarbeit ist jedoch infolge großer
politischer Koordinationsprobleme unwahrscheinlich.

So ist beispielsweise die Verhandlungsposition solcher
Regierungen geschwächt, die den aktuellen Zustand des
Ökosystems vergleichsweise pessimistisch beurteilen und
die eine relativ hohe Umweltbewertung oder eine
umweltbezogen hohe Risikobewertung vornehmen, da für
diese Regierungen die Kosten der Nichteinigung
besonders hoch sind. Da zudem die Verhandlungsposition
mit zunehmender Kenntnis über Risikopräferenz, Umweltbewertung und wahren Umweltzustand der anderen
Verhandlungspartner steigt, lohnt es sich für alle

---

gemeinschaft als "umweltpolitisches Inland", der jeweilige Rest der Welt als "umweltpolitisches Ausland" bezeichnet werden.

[32] Formal gilt bei globalen, interdependenten Problemen
(E_1 : inländische Emissionen, E_a : ausländische Emissionen):
$\dot{S}=E_1+E_a-A(S),$
$\dot{Q}=f_q(Q,S),$
d.h. es gibt nur **einen** Schadstoffbestand und nur
eine Umweltqualität.

[33] Vgl. Gebauer (1985), S. 6f.

Verhandlungspartner, in den Verhandlungen "mit verdeckten Karten" zu spielen.[34]

Die Zusammenarbeit wird ferner durch hohe Transaktionskosten (insbesondere eines umweltbezogenen Informationsaustausches über die Ländergrenzen hinweg), durch Schwierigkeiten bei national differierender Bewertung globaler Umweltfaktoren und durch die angesprochene Problemunsicherheit erschwert, welche die Haltung fördert, vor gemeinsamen Maßnahmen müsse zunächst die Sachlage gekärt sein[35]. Auch die mögliche Existenz temporärer und lokal begrenzter "Verschmutzungsgewinner" erschwert die internationale Zusammenarbeit bei der Emissionsreduktion. Bei einer globalen Erderwärmung profitieren beispielsweise Länder wie Kanada oder die Sowjetunion zumindestens temporär durch bessere Bedingungen für Land- und Forstwirtschaft.[36]

Zudem behindert die Attraktivität der Freifahrerposition (Herunterspielen des Interesses an gemeinsamem Umweltschutz und kostenlose Partizipation an Umwelterfolgen aufgrund der Anstrengungen anderer Verhandlungspartner) koordinierte Umweltschutzanstrengungen.

Insbesondere die in bedeutendem Maße an der "Weltemission" beteiligten Ostblock- und Entwicklungsländer sind zudem - aus finanziellen und technologischen Gründen - nur wenig an Umweltschutz interessiert beziehungsweise kaum zu wirksamem Umweltschutz in der Lage.

---

[34] Vgl. Kuhl (1987), S. 163ff., Arnold (1984), S. 111ff.

[35] Unabhängig davon besteht natürlich die dringende Notwendigkeit einer Verbesserung der Kenntnisse über reale Schadenszusammenhänge. Dies betonen z.B. alle Autoren, die 1982 im American Economic Review, Papers and Proceedings unter dem Stichwort "The Global Commons" Stellung beziehen.

[36] Vgl. Kosobud, Daly (1984).

Entwicklungsprobleme haben Priorität[37]. Dies ist angesichts der hohen Dringlichkeit materieller Versorgungsprobleme und zunächst geringerer Spürbarkeit globaler Umweltprobleme verständlich.

Realistisch ist daher die Annahme, daß das umweltpolitische Ausland kein großes Interesse am Umweltschutz hat und vom umweltpolitischen Inland nicht zu umweltbezogenem Wohlverhalten gezwungen werden kann. Diese skeptische Beurteilung internationaler Zusammenarbeit im Umweltschutz deckt sich mit den von Prittwitz beschriebenen ernüchternden Erfahrungen in der Vergangenheit[38]. Downing und Kates (1982, S. 272) urteilen, daß (selbst) die Industrienationen den "Global Commons Test" bislang nicht bestanden haben.

Ist die ausländische Emission gemessen an inländischen Zielvorstellungen zu hoch, besteht demnach kein wirksames Druckmittel, um das Ausland zu einer spürbaren Drosselung der Emissionen zu bewegen. Das Inland befindet sich - im Coaseschen Beispiel - in der Position des Getreidebauern bei Rechtsausgestaltung zugunsten des "emittierenden" Viehzüchters. Die einzige Möglichkeit der Einflußnahme besteht demnach in einer (wie auch immer fixierten und transferierten) Entschädigung des Auslandes für das Unterlassen "überhöhter" Emissionen. Wegen der bei mangelnden Kontroll- und Sanktionsmöglichkeiten des Inlands fehlenden Anreize für das Ausland zur tatsächlichen Emissionsreduktion und der Vielzahl der in entsprechende Verhandlungen einzu-

---

[37] Vgl. hierzu die umweltbezogen skeptische Lagebeschreibung von Schreiber (1985) für Polen und von Weißenburger (1985) und (1986) für die Sowjetunion.

[38] Vgl. Prittwitz (1984). Zu einer entsprechenden Bewertung des jüngsten Abkommens von Montreal zum Schutz der Ozonschicht ("Sterbehilfe" für die Ozonschicht) vgl. z.B. Vorholz (1988), S. 26.

beziehenden Staaten[39] bei zugleich begrenztem öffentlichen Budget, welches für Entschädigungen zur Verfügung steht[40] sind solche Entschädigungsverhand-lungen
nur in begrenztem Umfang vorstellbar und wirksam.

Eine nationale politische Instanz kann somit nur eine
"quasioptimale" Umweltnutzung innerhalb ihrer politischen Reichweite durchsetzen. Sie kann vereinfacht ausgedrückt nur die inländischen Emissionen E_i , nicht aber
die ausländischen Emissionen E_a kontrollieren.

Die vertrackte Lage einer auf ökologische Stabilisierung bedachten inländischen Kontrollinstanz angesichts
globaler Umweltprobleme sei an Abb.8 erläutert:

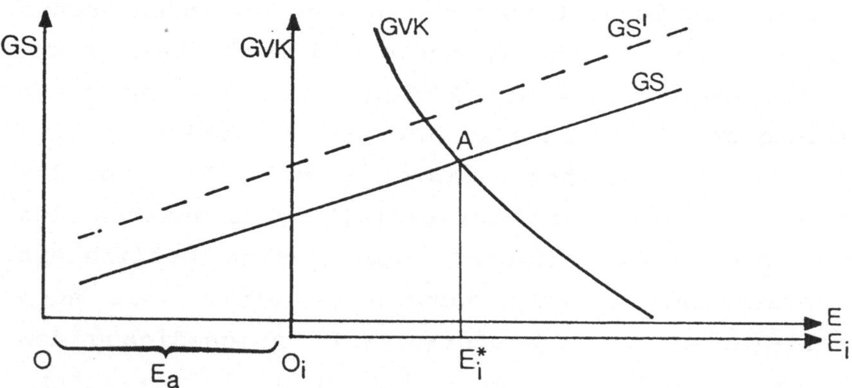

Abb.8: Nationale Steuerung der Umweltnutzung bei
globalen Umweltproblemen

Eingetragen sind die auf inländische Emissionen E_i
bezogene und über alle inländischen Emittenten aggre-

---

[39] Mit allen Ostblockländern wäre z.B. gesondert über
deren Schwefelemission zu verhandeln!

[40] Zwar ist i.d.R. kein "Entschädigungsbudget" fest
vorgegeben, die Verwendung von Staatseinnahmen für
derartige Entschädigungen konkurriert aber mit allen
anderen Verwendungsmöglichkeiten des staatlichen
Budgets.

gierte Kurve der Grenzvermeidungskosten (GVK) und die
auf die Gesamtemission E bezogene (steigende) Grenzschadenskurve (GS). Die Gesamtemissionen werden an der
Abszisse von O, die inländischen Emissionen von O_1 aus
abgetragen. Die Strecke OO_1 kennzeichnet also die ausländischen Emissionen. Steigt die Auslandsemission, so
vergrößert sich diese Strecke durch Rechtsverschiebung
des zu O_1 gehörigen Koordinatensystems.

Die von O_1 gemessene GVK-Kurve spiegelt als Ordnung aller im Inland bekannten Emissionsreduktionsmaßnahmen
nach aufsteigenden (Grenz)kosten den vermeidungstechnischen Kenntnisstand des Inlandes wieder.

Die auf O bezogene GS-Kurve hängt von der Gesamtemission E sowie von der akkumulierten Vorverschmutzung S
ab (vgl. die Bewegungsgleichung (15)).

Steigt nun die ausländische Emission, so verschiebt
sich O_1 nach rechts. Aus "inländischer Sicht" verlagert
sich die GS-Kurve nach oben. Bei Vernachlässigung dieses Effekts orientiert sich deshalb die inländische
Umweltpolitik an einer "zu tief" liegenden Grenzschadenskurve (GS statt GS`). Übersteigt zudem die Gesamt-
emission die natürliche Absorption, so verlagert sich
die GS-Kurve (bzw. die GS`-Kurve) akkumulationsbedingt
im Zeitablauf weiter nach oben.

Das umweltpolitische Dilemma kann in Abb.8 durch ex-
treme Kurvenverläufe veranschaulicht werden. Mündet die
GS- (GVK-) Kurve links (rechts) von der über O_1
aufsteigenden Ordinate in eine senkrechte Linie, haben
beide Kurven also keinen Schnittpunkt, so existiert
keine hinreichende inländische Antwort auf das globale
(und intertemporale) Umweltproblem.[41] In dieser Situa-

---

[41] Im Gegensatz zu regionalen Umweltproblemen ist zudem
   eine umweltbezogene "Abstimmung mit den Füßen"
   (Migration in weniger belastete Regionen) bei

tion ist der Versuch der inländischen Umweltpolitik, das zugrundeliegende Umweltproblem durch Ansteuern des auf E_1 bezogenen Quasioptimums (Punkt A und quasioptimale Menge $E_1{}^*$ in Abb.8), bei dem kurzfristig Grenzschäden und Grenzvermeidungskosten der letzten inländischen Emissionseinheit zum Ausgleich kommen, zu "lösen", zum Scheitern verurteilt. Auch der Übergang zu einem von Ökologen vorgegebenen Zielwert "$E_ö$" würde - abgesehen von dessen in Abschnitt I.C.3 erläuterter Problematik - nicht weiterhelfen, sofern er sich bei internationaler Schadstoffverflechtung nur auf inländische Emissionen bezieht. Die inländische Umweltpolitik kann insgesamt weder einen Umweltkollaps sicher verhindern noch ein ökologisches Gleichgewicht garantieren.[42]

b) Nationale Umweltfaktoren

Hinsichtlich der Belastung nationaler Umweltfaktoren spielen hier die äußeren Schranken der begrenzten politischen Reichweite keine Rolle. Nationale Umweltfaktoren determinieren nur die nationale Umweltqualität, die somit je nach Ausstattung mit nationalen Umweltfaktoren international differieren kann[43]. Die Ausstattung eines Landes mit Umweltfaktoren ("Umwelt-

---

    globalen Problemen keine Lösung (vgl. Siebert, 1982b, S. II).

[42] Selbst eine totale Entschwefelung bundesdeutscher Kraftwerke verhindert z.B. nicht die (erheblichen) Schäden der aus der DDR und der CSSR "importierten" Schwefelmengen für die europäische Umwelt.

[43] Somit besteht Unabhängigkeit der Umweltprobleme. Im Fall nationaler Umweltgüter können "echte" inländische Umweltallokationsoptima erreicht werden. Es gilt
$$\dot{S}_1 = E_1(C_1) - A_1(S_1) \qquad \text{und}$$
$$\dot{S}_a = E_a(C_a) - A_a(S_a),$$
$$\dot{Q}_1 = f_{q1}(Q_1, S_1) \qquad \text{und}$$
$$\dot{Q}_a = f_{qa}(Q_a, S_a),$$
d.h. in- und ausländische Umweltqualität können sich durchaus unterschiedlich entwickeln. Allerdings verhindern auch hier internationale Verflechtungen durch Handels- und Touristenströme eine völlige umweltbezogene "Autonomie"!

reichlichkeit") ist in diesem Fall "ein ähnlicher Bestimmungsfaktor von Exportvorteilen eines Landes wie Arbeits- und Kapitalausstattung, technisches Wissen und Infrastruktur" (Siebert, 1987a, S.22). Eine Volkswirtschaft muß zur vollen Ausschöpfung der Vorteile des Außenhandels diejenigen Güter exportieren, für die sie - bezogen auf die Faktorausstattung - einen komparativen Vorteil hat. "Umweltreiche" Länder sollten daher umweltintensiv hergestellte Produkte exportieren und umweltschonend hergestellte Güter importieren[44], brauchen mit anderen Worten erst später mit restriktiver Umweltpolitik zu beginnen als hochbelastete "umweltarme" Industrieländer.

In vielen Publikationen zu umweltbezogenen Handelseffekten wird nicht explizit darauf hingewiesen, daß solche Aussagen nur gelten, wenn die belasteten Umweltfaktoren nationalen Charakter haben. Dies kann - zumindest für Publikationen aus den 70er Jahren[45] - mit dem damals unvollständigen Kenntnisstand über reale Umweltprobleme erklärt werden. Angesichts wachsender ökologischer Verflechtung von Teilräumen und zunehmender Bedeutung globaler Umweltprobleme sinkt freilich die Relevanz obiger Argumentation.

5. Umweltpolitische Steuerungsprobleme bei komplexen Umweltproblemen

Die bei simultaner Existenz ökologischer Unsicherheit und Dynamik und beschränkter umweltpolitischer Kompe-

---

[44] Entsprechende Handelsumlenkungen im Fall der Erhebung einer Emissionssteuer im umweltarmen Land analysiert Siebert (1974 und 1977), reale Beispiele schildert Wilczynski (1986), S. 115.

[45] Vgl. z.B. Siebert (1974 und 1977).

tenz auftretenden umweltpolitischen Steuerungsprobleme
seien anhand von Abb.9 zusammenfassend erläutert.

E_{ib}	E_{iu}	
E_{ab}	E_{au}	S

Abb.9: Einflußgrößen auf die Umweltqualität bei komplexen Umweltproblemen

Die wahre Gesamtemission E zerfällt einerseits in
bekannte (E_b) und unbekannte (E_u), andererseits in
inländische (E_i) und ausländische (E_a) Emissionen. Nur
die inländischen, bekannten Emissionen E_{ib} können
direkt im Inland beeinflußt werden. Die momentane
Gesamtemission E ist ihrerseits nur ein Teil des
gesamten komplexen Umweltproblems. Die Umweltqualität Q
hängt (direkt und via Regenerationsfunktion) auch von
der durch den Schadstoffbestand S symbolisierten Vorverschmutzung ab.

Die Komplexität von Umweltproblemen läßt sich demnach –
zumindest theoretisch – als Grad der Abweichung von
beeinflußbaren und insgesamt wirksamen Ursachen der
Minderung der Umweltqualität definieren. Bei einfachen
Umweltproblemen ist die im Inland steuerbare Emission
E_{ib} die einzige Ursache der Verschlechterung der
Umweltqualität, ein Gegensteuern ist einfach. Je aus-
geprägter das gesamte Spektrum der Schadensursachen die
Menge E_{ib} "übersteigt" (je komplexer also das Umweltproblem), desto schwieriger wird das umweltpolitische
Gegensteuern. Nationale und auf bekannte Emissionen
beschränkte umweltbezogene Allokationsoptima sind hier
als Quasi- oder Scheinoptima zu disqualifizieren.

In theoretischen Untersuchungen, die über die Betrachtung einfacher Umweltprobleme hinausführen, werden allerdings oft nur Teilaspekte komplexer Umweltprobleme untersucht, so daß zuweilen der Eindruck entsteht, das dargestellte umweltpolitische Dilemma existiere nicht. Ein typisches Beispiel für eine derart "partielle" Betrachtung ist die Untersuchung von Gebauer (1985). Sie stellt zwar einleitend fest, daß die Erkenntnis umweltbezogener internationaler Verflechtung überraschte und kein Gebiet in Europa mehr vor Schäden sicher erscheint, untersucht dann aber Umweltallokationsoptima für einfache "Oberlieger-Unterlieger-Fälle" unter der impliziten Annahme vollständiger Information. Elliott, Yarrow (1977) vernachlässigen bei ihrer Kritik an den von Pearce (1976) geäußerten Vorstellungen über kumulative Umweltbelastung die bei globalen Problemen eingeschränkte Steuerungskompetenz nationaler Instanzen. Pethig (1982) und Arnold (1984) untersuchen in ihren theoretischen Analysen internationaler Umweltverhandlungen zwar die Globalität komplexer Umweltprobleme, vernachlässigen dafür aber deren zeitliche Aspekte. Kuhl (1987) analysiert internationale und zugleich unsichere Umweltprobleme, jedoch ebenfalls ohne die zeitlichen Aspekte komplexer Umweltprobleme zu beachten. Die Unsicherheit komplexer Umweltprobleme wird zudem, wenn überhaupt, oft nur in "gezähmter" oder "gefilterter" Form berücksichtigt. So behauptet etwa Siebert (1987a, S. 25, Fettdruck vom Autor hinzugefügt, J.W.): " Die sich in Zukunft einstellende Umweltqualität kann ... als eine Zufallsvariable interpretiert werden, wobei die Wahrscheinlichkeit des Eintretens einer bestimmten Umweltqualität **um einen Erwartungswert streut"**. Daß dadurch das Unsicherheitsproblem auf die Bildung von Erwartungswerten nur verlagert wird, zeigt sich ebenda, wo Siebert der Zerstörung der Ozonschicht eine nicht näher quantifizierte "relativ geringe" Wahrscheinlichkeit beimißt.[46]

Zwar sind auch komplexe Umweltprobleme im Grundsatz als Allokationsprobleme anzusehen, dennoch greift eine rein inländische und emissionsmengenorientierte Umweltpolitik in der Regel zu kurz. Ein möglicher Ansatzpunkt zur Überwindung des angesprochenen umweltpolitischen Dilemmas ist die Berücksichtigung von Möglichkeiten der Beeinflussung der umwelttechnischen Dynamik.

---

[46] Meixners hartes Urteil, für weite Teile der Umweltökonomie sei "ein Rezeptionsdefizit hinsichtlich der Resultate naturwissenschaftlicher Forschung feststellbar, obwohl sie die Grundlage für eine ökonomische Analyse der Umweltproblematik abgeben müßten" (1980, S. 89), trifft m.E. auch heute noch zu.

D. Berücksichtigung des technischen Fortschritts

Die bisherigen Ausführungen (insbesondere bei der Beschreibung der Möglichkeiten "aktiver" Umweltanpassung) abstrahierten vollständig von dem für die wirtschaftliche Entwicklung zentralen Element der technologischen Dynamik. Die Berücksichtigung technologischer Dynamik korrigiert möglicherweise das pessimistische Fazit des Vorabschnitts bezüglich der Lösbarkeit komplexer Umweltprobleme.

In diesem Abschnitt wird der (umwelt)technische Fortschritt zunächst in seiner direkten Umweltwirkung, dann in seinen Strukturaspekten und schließlich in seiner Auslandswirkung dargestellt und in seiner Bedeutung für umwelttechnologische Zielvorgaben diskutiert.

1. Direkte Umweltwirkung

Die in Abschnitt I.B betrachteten produktions-, emissions- und entsorgungstechnischen Zusammenhänge repräsentieren einen konstanten technologischen Kenntnisstand (T). Dieser kann jedoch erweitert werden, wenn Ressourcen in Forschung und Entwicklung eingesetzt werden. Im einfachen Modell einer einsektoralen[1], ökologisch geschlossenen Volkswirtschaft läßt sich eine Zunahme technologischer Kenntnisse durch eine einfache Modifikation berücksichtigen.

Neben der Menge der produktiv eingesetzten Ressourcen (R_P) bestimmt nun auch der vorherrschende technologische Kenntnisstand die Menge produzierter Konsumgüter:

$$(28) \quad C = f_C (R_P, T)$$

---

[1] Die Berücksichtigung sektoraler Untergliederung dynamischer Volkswirtschaften würde aufgrund zusätzlicher Struktureffekte des technischen Fortschritts die Darstellung unnötig erschweren.

und die bei der Produktion anfallende Emissionsmenge:

$$(29) \quad E = f_e (R_p, T)^2.$$

Dieser Kenntnisstand ändert sich gemäß einer "Fortschrittsproduktionsfunktion" in Abhängigkeit vom Ressourceneinsatz R_f in Forschung und Entwicklung (F&E):

$$(30) \quad \dot{T} = f_f (R_f) \ , \ f'_f > 0, \ f''_f < 0^3.$$

Die erweiterte Ressourcenrestriktion einer derartig technologisch dynamischen Volkswirtschaft lautet:

$$(31) \quad R \geq R_p + R_f.$$

Dieses erweiterte Modell ermöglicht durch Maximieren eines Wohlfahrtsfunktionals Ω (Gleichung (12)) unter den Nebenbedingungen (28) - (31), sowie unter Berücksichtigung einer Schadstoffbewegungsgleichung und einer Umweltregenerationsfunktion die Identifikation eines dynamischen Umweltallokationsoptimums, welches auch Aspekte technologischer Dynamik integriert[4].

Die in Abschnitt I.C angesprochenen Schwächen derartiger Mehrperiodenoptimierungen würden hierbei allerdings um die - angesichts der hohen Unsicherheit technologischer Entwicklungen geradezu heroische - Annahme der Kenntnis sämtlicher Forschungsproduktionsfunktionen des Planungszeitraums ergänzt[5]. Daher wird ein derartiges

---

[2]   Strenggenommen ist diese Emissionsfunktion nur für inländische und bekannte Emissionen (E_{1b}) bekannt.

[3]   In dieser Gestalt kommt die Annahme abnehmender Grenzerträge des Einsatzes von Forschungsressourcen zum Ausdruck.

[4]   Dieses Optimum besteht in der Wahl optimaler Ressourcenverwendungspfade $\{R_p\}$ und $\{R_f\}$ über den Planungszeitraum.

[5]   Wird der Wettbewerb als Entdeckungsverfahren interpretiert (v.Hayek, 1969), so sind künftige (insbesondere technologische) Entwicklungen und damit auch künftige Forschungsproduktionsfunktionen **prinzipiell** unvorhersehbar.

"technologieerweitertes" Umweltallokationsoptimum nicht näher untersucht.

Die Erfassung des technischen Kenntnisstandes in einer einzigen Größe T wirft zudem umwelttechnischen und produktionstechnischen Fortschritt in einen Topf. Tatsächlich ist aber der gesamte Kenntnisstand aus produktionstechnischem und auf Emissionsreduktion bezogenem Spezialwissen[6] zusammengesetzt $(T=\{T_c, T_e\})$. Wird als Produktionsfunktion:

$$(32) \quad C = f_c(R_p, T_c) \ , \quad \delta C/\delta T_c > 0,$$

und als Emissionsfunktion:

$$(33) \quad E = f_e(R_p, T_e) \ , \quad \delta E/\delta T_e < 0$$

geschrieben, so läßt sich produktionstechnischer Fortschritt $(dT_c > 0)$ und reduktionstechnischer Fortschritt $(dT_e > 0)$ unterscheiden. Technische Neuerungen können dann mit Hilfe von Abb.10 nach ihrer Fortschrittswirkung bzw. Fortschrittsrichtung klassifiziert werden[7].

---

[6] Die weitergehende Differenzierung umwelttechnischer Neuerungen in Fortschritte zur Reduzierung von Emissionen, Fortschritte durch umweltfreundlichen Strukturwandel aufgrund "allgemeiner" Innovationen und Fortschritte bei Verfahren der Umweltreparatur wird im folgenden Abschnitt I.D.2 angesprochen.

[7] Vgl. Cansier (1978). Diese Klassifikation scheint den **produkttechnischen** Fortschritt zu übersehen. Die strenge Unterscheidung zwischen produkttechnischem und verfahrenstechnischem Fortschritt verschwimmt allerdings, wenn mehrstufige Produktionsprozesse betrachtet werden (vgl. Gerybadze, 1982, S. 303ff.). Eine Produktinnovation aus Sicht des Investitionsgüterherstellers ist für den Konsumgüterhersteller und Käufer des Investitionsgutes eine Verfahrensinnovation.

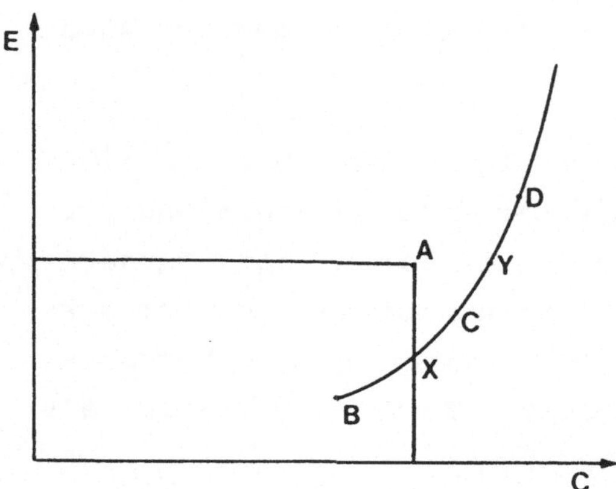

Abb.10: Mögliche Fortschrittsrichtungen

Wird der technologische Stand der Volkswirtschaft durch
die bei Einsatz eines bestimmten Ressourcenbestandes R_p
produzierbaren Güter- und Emissionsmengen charakteri-
siert (Punkt A, Abb.10), so kann durch Einsatz von Forschungsressourcen die Produktivität der Ressourcen ge-
steigert oder deren Emissionsintensität gesenkt werden.
Die durch Einsatz eines gegebenen Vorrats an Forschungsressourcen R_f[8] erzielbaren Verbesserungen sind
durch eine "Fortschrittslinie" (Kurvenzug BXCYD in
Abb.10) darstellbar[9]. So können ausgehend von Punkt A
technische Neuerungen zugleich emissionssenkend und
outputsteigernd wirken (dT$_c$, dT$_e$ >0, Punkt C in
Abb.10)[10]. Ebenso sind Neuerungen denkbar, die einen
produktionssteigernden Effekt auf Kosten einer Mehrbe-

---

[8] Die weitergehende Frage nach dem optimalen
Forschungsaufwand R_f* erfordert zusätzliche Annahmen
über die langfristige Zielfunktion des Innovators
(vgl. McCain, 1978, S. 541ff.) und soll hier
unterbleiben.

[9] In der in Abb.10 unterstellten Krümmung der Kurve
der Fortschrittsmöglichkeiten kommt die Vorstellung
abnehmender Grenzerträge spezialisierter Forschungsressourcen zum Ausdruck.

[10] Entsprechende Beispiele aus der Recyclingtechnologie
präsentieren z.B. Royston (1981) und Bonus (1984a).

lastung der Umwelt ($dT_c > 0$, $dT_e < 0$, Punkt D in Abb.10)[11] oder Umweltschonung auf Kosten eines Produktionsrückganges erzielen ($dT_c < 0$, $dT_e > 0$, Punkt B in Abb.10).

Ansätze zur Theorie induzierbaren technischen Fortschritts[12] unterstellen bestimmte Eigenschaften dieser Fortschrittslinien[13] und untersuchen unter der Annahme, daß Einsatz von Ressourcen in F&E hinsichtlich der resultierenden Fortschrittsrichtung steuerbar ist, die Wahl der optimalen Fortschrittsrichtung[14]. Die optimale Fortschrittsrichtung in Abhängigkeit von Faktorpreisen und -kosten wird bei derjenigen Aufteilung eines vorgegebenen Forschungsbudgets erreicht, bei der die Forschungsressourcen R_f in der Produktion faktorsparenden und emissionssenkenden Fortschritts gleiche Grenzerträge aufweisen. Steigen die Faktorkosten eines Faktors, so lohnt, kurz gesagt, eine verstärkte Einsparung dieses Faktors durch technischen Fortschritt, also eine Änderung der Fortschrittsrichtung.

Da bei Nulltarif der Umweltnutzung keine Grenzerträge der Emissionssenkung auftreten, lohnt in diesem Fall auch kein emissionssenkender technischer Fortschritt. Der im Sinne der Theorie induzierten technischen Fortschritts optimale Einsatz der Forschungsressourcen führt dann zu einer Veränderung des technologischen

---

[11] Einer empirischen Untersuchung von Commoner (1973) zufolge ist in den USA in den Jahren von 1946 bis 1968 der technische Fortschritt überwiegend dieser Art gewesen. Vgl. Meixner (1980, S. 201ff.) für eine zusammenfassende Darstellung dieser Untersuchung.

[12] Vgl. grundlegend Kennedy (1964) und auf Umweltaspekte übertragen McCain (1978).

[13] Zur formalen Darstellung solcher Fortschrittslinien vgl. McCain (1978).

[14] Nordhaus (1973, S. 210ff.) unterstellt statt einer absoluten, technisch gegebenen Fortschrittsgrenze eine vom Forschungsaufwand abhängige Kurve der Fortschrittsmöglichkeiten. Die Erhöhung des Forschungsaufwandes verschiebt dann in Abb.10 die Fortschrittslinie nach rechts unten.

Kenntnisstandes, die in Abb.10 durch einen Punkt rechts oberhalb von Y zu kennzeichnen wäre. Eine künstliche (umweltpolitische) Verteuerung der Emission von Schadstoffen beeinflußt demgegenüber die optimale Forschungsrichtung zugunsten des emissionssenkenden technischen Fortschritts (Wanderung auf der Fortschrittslinie BXCYD nach links unten)[15].

Im Rahmen der Theorie induzierten technischen Fortschritts lassen sich somit umweltbezogene Optimierungsprobleme formulieren, welche auch den Aspekt wählbarer Forschungsrichtung integrieren[16]. Die zuvor genannten Informationsprobleme einer Ermittlung umweltbezogener Allokationsoptima werden dann jedoch um schwerwiegende Informationsprobleme hinsichtlich des Vergleichs der Grenzerträge der Forschung in verschiedenen Fortschrittsrichtungen ergänzt. So hängt z.B. der Ertrag von Forschungsressourcen wegen der langen Nutzbarkeit technologischer Neuerungen auch von künftigen Faktor- und Emissionspreisen ab. Diese sind aber heute noch nicht bekannt, daher sind auch die entsprechenden Grenzerträge der Forschungsressourcen und mithin die optimalen Forschungsrichtungen nicht bekannt.

Punktgenaue "Umweltforschungsziele" sind angesichts dieser Problemkomplexität kaum vorstellbar. Bei der folgenden näheren Beschreibung der umwelttechnischen Entwicklung geht es daher nur um die qualitative Ermittlung von Umwelttechnologiezielen.

2. Struktur umwelttechnischer Neuerungen

a) Klassifikation umwelttechnischer Innovationen

Der durch den Indikator T_e symbolisierte umwelttechnologische Kenntnisstand ist eine komplexe Größe, deren

---

[15] Vgl. hierzu die Analyse bei McCain (1978).

[16] Vgl. McCain (1978).

eindimensionale Abbildung eine starke Vereinfachung bedeutet[17]. Die Erweiterung des umwelttechnischen Wissens kann sich z.B. auf die verschiedenen Arten der in Abschnitt I.B.3 erwähnten aktiven Umweltanpassung beziehen. Es ist somit umwelttechnischer Fortschritt hinsichtlich additiver, integrierter und struktureller Emissionsreduktion und umwelttechnischer Fortschritt im Bereich von Verfahren zur Umweltreparatur zu unterscheiden. Einer genaueren Analyse dieser Varianten sei zunächst (unter Vernachlässigung von Fortschritten bei Verfahren zur Umweltreparatur) eine umweltbezogene vergleichende Beurteilung der dargestellten Möglichkeiten der Emissionsreduktion vorangestellt.

In Abschnitt I.B.3 wurden (abgesehen von offensichtlichen "Fehlanpassungen") alternative Maßnahmen zur Emissionsreduktion bei gleicher Reduktionswirkung implizit als gleichrangig angesehen. Eine genauere Analyse enthüllt jedoch gravierende Unterschiede der betrachteten Reduktionsmethoden.

Technisch-ökonomische Asymmetrien bestehen hinsichtlich der Kostenstruktur der verschiedenen Reduktionstechnologien und bezüglich der Amortisationszeiten. Einfache, nur auf die Reduktion von Emissionen gerichtete additive Technologien sind in der Anschaffung zumeist relativ billig und amortisieren sich vergleichsweise schnell. Integrierte Umwelttechnologien sind demgegenüber, da sie sich nicht von der eigentlichen (komplizierten) Produktionstechnologie trennen lassen, mit wesentlich höheren Investitionen und längeren Amortisationsperioden verbunden[18]. Diese Unterschiede be-

---

[17] Hartje, Lurie konstatieren (1984, S. 6), daß die differenzierte Analyse technologisch unterschiedlicher Reduktionsmethoden in der Literatur bislang wenig Aufmerksamkeit erfahren hat.

[18] Vgl. zu diesen technisch-ökonomischen Unterschieden Hartje, Lurie (1985), S. 2ff. und S. 10.

einflussen die ökonomische Attraktivität der Anpassungsvarianten.

Ökologische Unterschiede bestehen hinsichtlich der schadstoffbezogenen "Reduktionsprofile" und der Material- und Energieintensität des Vermeidungsvorgangs selbst. Diese Unterschiede seien am Beispiel unvollständiger Verbrennungsvorgänge illustriert[19]:

Additive Reduktionsmaßnahmen bestehen in der Ergänzung des Verbrennungsprozesses um nachgeschaltete Filterstufen, welche ausgewählte Stoffe zurückhalten und/oder in ungefährlichere Rückstände überführen können (z.B. Gips aus Rauchgasentschwefelungsanlagen).

Integrierte Maßnahmen bewirken durch Variation des Verbrennungsprozesses selbst (Temperatur, Druck, Brennstoff, Brennkammer o.ä) eine emissionsbezogene Verbesserung der Verbrennung (z.B. "Magermotor").

Strukturelle Anpassungen bestehen in der Substitution des gesamten Verbrennungsvorgangs durch ganz andere Technologien, mit denen jedoch gleiche oder ähnliche Endprodukte unter Vermeidung von Verbrennungsrückständen erzeugt werden können (z.B. Energiegewinnung mit Solar/Wasserstoffsystemen statt durch Verfeuerung fossiler Brennstoffe).

Die additive Vermeidung von Emissionen in nachgeschalteten Reinigungsanlagen ist bezüglich der Breite des "Reduktionsprofils" nachteilig[20]. Während integrierte

---

[19] Die Unvollständigkeit von Verbrennungsvorgängen äußert sich in Ausmaß und Struktur anfallender Reststoffe. Theoretisches Ideal ("Nullpunkt" der Skala) ist die völlig rückstandsfreie Verbrennung.

[20] Je mehr und umweltbezogen bedeutendere Schadstoffe in eine konkrete Emissionsreduktion eingehen, desto "breiter" ist diese Reduktion. Die Breite der Emissionsreduktion kann als Wert derjenigen in Gleichung (27) gebildeten Emissionssumme definiert werden, die sich ergibt, wenn die (z.B. in kg

und strukturelle Anpassungen eine Schadstoffreduktion mit hoher Bandbreite bewirken, beziehen sich nachträgliche Reinigungsstufen oft nur auf "Modeschadstoffe" der aktuellen umweltpolitischen Diskussion[21] und sind deshalb im Zuge umwelttechnischer und -politischer Neuerungen vergleichsweise schnell überholt[22]. Diese Eigenschaft stört insbesondere in Situationen ökologischer Unsicherheit, wenn sich die Bewertung der Schädlichkeit einzelner Stoffe oft ändert. Dann sind nämlich spezielle Reinigungsanlagen schnell entwertet, wogegen eine integrierte "Breitbandreduktionstechnologie" weiterhin wertvoll sein kann. Integrierte und strukturelle Emissionsreduktionsmaßnahmen haben somit ein besseres reduktionstechnologisches "Profil".

Eine ähnliche ökologische Asymmetrie zuungunsten additiver Vermeidung besteht hinsichtlich der Energie- und Materialintensität des Vermeidungsvorganges: Während integrierte und strukturelle Emissionsreduktionsmaßnahmen zugleich einen Material- und Energiespareffekt haben (Zimmermann, 1985, S. 26), ist additive Vermeidung sehr energie- und materialintensiv. Durch "Zuschaltung" einer weiteren Produktionsstufe können - z.B. bei dem Transport von Reststoffen in eine Deponie - sogar Mehremissionen verursacht werden. Zudem treten im Zusammenhang mit "Reinigungsrückständen" (z.B. schwermetallbelastete Klärschlämme, Dioxine bei der Hausmüllverbrennung), deren Umweltverträglichkeit nicht immer eindeutig geklärt ist, oft erhebliche Reststoffprobleme auf. Additive Reduktionsmaßnahmen sind daher öfter als integrierte Maßnahmen der Kategorie der "Fehlanpassungen" (vgl. Abschnitt I.B.3) zuzuordnen.

---

gemessene) Quantität aller erfaßten Schadstoffe s jeweils gleich eins gesetzt wird.

[21] Vgl. Andreas (1986), S. 38 und S. 42, und Pöggeler (1986), S. 53.

[22] Vgl. Andreas (1986), S. 45.

Die Struktur umwelttechnischen Fortschritts entspricht obiger Gliederung umweltbezogener Anpassungsvarianten. Folgende Varianten des umwelttechnischen Fortschritts lassen sich unterscheiden:

- Additiver umwelttechnischer Fortschritt: Dieser Fortschritt bezieht sich auf eine Verbesserung der Möglichkeiten nachträglicher Emissionsreduktion. Eine Steigerung der Produktivität der in der Entsorgung eingesetzten Ressourcen äußert sich darin, daß mit der neuen (Filter)Technologie bei vergleichbarem Ressourceneinsatz eine größere Menge (ein breiteres Spektrum) von Schadstoffen zurückgehalten werden kann.

- Integrierter technischer Fortschritt: Dieser Fortschritt bezieht sich auf verbesserte Möglichkeiten hinsichtlich emissionsarmer Güterproduktion bei vergleichbarem Ressourceneinsatz in der Produktion, besteht also in einer Steigerung der emissionsbezogenen Effizienz der produktiv eingesetzten Ressourcen R_P. Dieser Fortschritt erfordert eine Umgestaltung von Produktionsprozessen. Beispiele sind konstruktive Verbesserungen bei Verbrennungsvorgängen oder bei chemischen Reaktionen sowie neue Varianten von Kreislaufwirtschaft (Recycling).

- Struktureller umwelttechnischer Fortschritt: Damit sei die Induktion umweltfreundlichen Strukturwandels durch technische Neuerungen bezeichnet. Bewirkt umweltfreundlicher technischer Fortschritt steigende Gewinne in umweltschonend produzierenden Sektoren, so resultiert eine Emissionsreduktion auch im Zuge des nachfolgend induzierten Strukturwandels. Struktureller umwelttechnischer Fortschritt läge z.B. bei einem Niedergang sogenannter Schornsteinindustrien im Gefolge technologischer Durchbrüche bei der Anwendung von Solar/Wasserstoffsystemen zur Energiegewinnung vor. Strenggenommen bezeichnet der strukturelle umwelttechnische Fortschritt somit keinen Innovationsvorgang, sondern Vorgänge bei der Diffusion umwelttechnischer Neuerungen.

- technischer Fortschritt in Verfahren zur Umweltreparatur: Ein solcher Fortschritt verbessert die Möglichkeiten der nachträglichen Neutralisierung von Immissionen, was insbesondere bei Problemen mit langer Inkubationszeit von Bedeutung ist. Technischer Fortschritt im Bereich der Umweltreparatur besteht beispielsweise in wirkungsvoll(er)en Verfahren, die in der Atmosphäre aufsteigenden FCKW-Moleküle vor Erreichen der Ozonschicht in chemisch harmlose Substanzen umzuwandeln.

Eine Beurteilung dieser Fortschrittsvarianten ist an der umweltbezogenen Bewertung der zugrundeliegenden Anpassungsarten zu orientieren. So ist beispielsweise integrierter und struktureller umwelttechnischer Fortschritt gegenüber additivem zu präferieren, da Emissionsreduktionsverfahren höherer ökologischer Qualität vorangetrieben werden.[23]

b) Der technologische Stammbaum

Zur differenzierten Beurteilung der (umwelt)technologischen Entwicklung ist neben diesem Strukturaspekt auch ein Entwicklungsaspekt zu beachten. Da Ressourcen, die in Produktion, Forschung und Entwicklung oder in der Entsorgung von Schadstoffen eingesetzt sind, anders als bislang unterstellt nicht völlig mobil und homogen sind, existieren bei technologischem Wandel technologisch-dynamische Aysmmetrien. Die umwelttechnische Entwicklung wird durch die bestehende Technologie- und Ressourcenstruktur begrenzt und in bestimmte Richtungen

---

[23] Aussagen zur Struktur der technischen Entwicklung beziehen sich im weiteren Verlauf dieser Arbeit zumeist (vereinfachend) auf die polaren Fälle additiver und integrierter umwelttechnischer Entwicklung.

gelenkt. Diese Entwicklungsasymmetrien seien nun näher erläutert, wobei sich die Aussagen zur Struktur der technischen Entwicklung im folgenden (vereinfachend) auf die polaren Fälle additiver und integrierter umwelttechnischer Entwicklung beschränken.

Ressourcen, die in Produktion, Forschung und Entwicklung und in der Entsorgung eingesetzt werden, sind "langlebige" Güter mit speziellen Eigenschaften und nur begrenzter Kombinierbarkeit und "Andersverwendbarkeit". Jede Ressourceneinheit "verkörpert" während ihrer Nutzung eine bestimmte Produktions-, Forschungs-, und/oder Entsorgungstechnologie[24]. Der volkswirtschaftliche Ressourcenbestand setzt sich somit aus Ressourcen unterschiedlicher Spezialisierung zusammen, die jeweils verschiedenartige Technologien verkörpern.

Andererseits erfordert die Umsetzung (Diffusion) umwelttechnischer Neuerungen das Zusammenspiel von Entwicklung, Produktion (Angebot) und Anwendung neuer Umwelttechnologien. Auf allen - auch unter dem Dach einer Firma z.B. als eigene Profitcenter organisiert vorstellbaren - Stufen müssen sich Ressourcen längerfristig auf die neuen Technologien spezialisieren. Im Zusammenhang mit umwelttechnischem Wandel treten, da die Umwidmung technologiespezifischer Ressourcen mangels guter Verwendungsalternativen oft mit Erlöseinbußen[25] verbunden ist, zwangsläufig die im

---

[24] Dieser Gedanke wurde in der Wachstumstheorie als "Embodiment-Ansatz" bekannt und in sogenannte Jahrgangsmodelle, in denen das technologische Niveau vom Zeitpunkt der "Indienststellung" der Anlagen abhängt, eingebracht. Vgl. Walter, H. (1983), S.117.

[25] Kruse (1985, S. 43f.) erkennt eine inhaltliche Verwandtschaft zwischen den Begriffen "Quasirente", "sunk costs" und dem von ihm benutzten Begriff der (kostenbezogenen) Irreversibilität. Alle Begriffe beziehen sich auf Erlöseinbußen bei der Umwidmung spezifischer Ressourcen. Mit Quasirenten sind diese Erlösdifferenzen selbst gemeint (vgl. Bonus, 1987, S. 92), sunk costs sind die durch Andersverwendung

Transaktionskostenansatz diskutierten Probleme spezifischer (nicht völlig mobiler) Faktoren und der damit verbundenen Abhängigkeiten auf[26].

Konkurrieren verschiedene technologische Neuerungsmöglichkeiten um Verwirklichung (im Umweltbereich beispielsweise eine additive und eine integrierte Emissionsreduktionstechnologie), dann bedeutet die mit der Wahl einer "technologischen Linie" verbundene längerfristige Ressourcenbindung und -spezialisierung, daß bei späteren technologischen Wahlentscheidungen die gewählte technologische Linie aufgrund der bei dieser investiven Bindung angefallenen "versunkenen Kosten" einen spezifischen Wettbewerbsvorteil gegenüber anderen Technologien hat[27]. Dieses von Williamson in anderem Zusammenhang als "fundamentale Transformation" bezeichnete Phänomen[28] tritt auf allen genannten Stufen technologischer Neuerungen auf und ist hier im Zusammenhang mit umweltbezogenen Anpassungsalternativen zu untersuchen.

- **Anwender** neuer Technologien bevorzugen bei neuerlichen Investitionsentscheidungen die bislang eingesetzte Basistechnologie, die in längerer Anpassung in

---

    der Ressourcen nicht mehr vermeidbaren (insofern "versunkenen" bzw. irreversibel angefallenen) Kosten, bezeichnen also auch einen Vorteil gegenwärtiger Ressourcenverwendung.

[26] Vgl. im Überblick z.B. Schumann (1987a), S. 212ff.

[27] Zusätzlich begünstigen learning-by-doing-Effekte, die bei zunehmender Erfahrung mit Technologien der gewählten technologischen Linie akkumulieren, und Kosten und Risiken der Umstellung und Anpassung der Produktion bei einem grundlegenden Verfahrenswechsel die in der Vergangenheit dominanten (zumeist additiven) Umwelttechnologien (vgl. Zimmermann, 1985). Auf diese Weise stabilisiert sich trotz neuer Umweltanforderungen ein "dominant design", eine relativ stabile Konfiguration von qualitativen technischen Eigenschaften und Zusammenhängen. Vgl. Zimmermann (1985), S. 34.

[28] Williamson (1985), S. 61.

den gesamten Produktionsablauf eingepaßt und mit den übrigen zur Produktion eingesetzten Ressourcen weitestmöglich kompatibel ist. Verbesserungsinnovationen hinsichtlich der gewählten technologischen Linie lassen sich aus diesem Grund einfacher in den Betriebsablauf integrieren als Basisinnovationen[29].

Bei erstmaliger Entscheidung über die Installation umweltfreundlicher Technologien fällt der Kostenvergleich zwischen einer Kombination von "bewährter" Produktionstechnik plus nachgeschaltetem Reinigungsaggregat und dem Übergang auf einen völlig neuen saubereren Prozeß somit bei gleicher Reinigungsleistung eher zugunsten der additiven Technologie aus, wenn ein vorhandener Anlagenpark, der bei Installation der additiven, nicht aber der integrierten Technologie weiter genutzt werden kann, existiert, als bei einer "auf der grünen Wiese" neu zu errichtenden Produktionsanlage[30]. Der betriebswirtschaftliche Vorteil additiver Umwelttechnologie resultiert also aus ihrer größeren Kompatibilität mit bereits existierenden Produktionsanlagen.

Sind bereits Entscheidungen zugunsten additiver Vermeidung von Emissionen gefallen[31], verstärkt der Effekt der fundamentalen Transformation den "Wettbewerbsvorsprung" neuer additiver Technologie: Diese ist dann mit den existierenden Produktions- und Entsorgungsanlagen vergleichsweise besser kompatibel[32]. Je mehr Stufen mit

---

[29] Vgl. zu den Begriffen "Basisinnovation" und "Verbesserungsinnovation" Mensch (1971) und (1972).

[30] Vgl. Hartje, Lurie (1984), Zimmermann (1985), S. 27ff.

[31] Daß tatsächlich in der Vergangenheit additiver Umweltschutz dominierte, zeigt Zimmermann (1985, S.95ff.) in einem ausführlichen Tabellenanhang (Tab. 1a, 2a, 2b, 3a, 3b). Vgl. dazu auch aus einzelbetrieblicher Sicht Andreas (1987) und Pöggeler (1987).

[32] Eine neue Entstickungsanlage harmoniert eventuell mit der vorhandenen Entschwefelungsanlage und mit

Aggregaten überlappender Nutzungsdauern ein Produktionsprozeß enthält, desto stärker begünstigen die geschilderten Kompatibilitätsasymmetrien und die fundamentale Transformation auf der Anwenderseite eine in diesem Sinne "konservative" umwelttechnologische Entwicklung.

- **Produzenten** (Anbieter) neuer Technologien berücksichtigen bei ihrer Angebotsentscheidung diese technologisch "konservativen" Präferenzen der Nachfragerseite. Zudem begünstigen auch auf dieser Stufe der Diffusion neuer Technologien zuvor getätigte spezifische Investitionen die einmal präferierte technologische Linie. Konkret bedeutet dies: Jede Investition in Anlagen (oder in Fachpersonal) zur Herstellung nachgeschalteter Reinigungsanlagen verändert aufgrund der fundamentalen Transformation die Kostenrelation zugunsten der Herstellung zusätzlicher additiver (und zu Lasten der Herstellung integrierter) Umwelttechnologie. Ein in speziellen "Filterproduktionsanlagen" verkörpertes spezifisches Know-how ist bei der Herstellung integrierter Umwelttechnologie z.B. weitgehend wertlos[33].

Mehrere ökonomisch-technologische Charakteristika verstärken diesen "Marktvorteil" additiver umwelttechnologischer Technologien:

1. Nachzuschaltende Reinigungsanlagen sind, da ausschließlich zur Emissionsreduktion gedacht, kleiner, einfacher und billiger in der Anschaffung als inte-

---

dem Kraftwerksblock selbst, eine Neukonzeption des Verbrennungsvorgangs läßt sich nur in einem neuen Kraftwerk verwirklichen. Kruse (1985, S. 49f.) weist darauf hin, daß sich solche Kompatibilitätsasymmetrien im Laufe der periodischen Erneuerung von Teilen des Anlagenparks praktisch verewigen können.

[33] Die von Andreas (1987) geschilderten Schwierigkeiten der Firma **Standard Filterbau** auf einem wegen wechselnder "Modeschadstoffe" instabilen Markt für additive Umwelttechnologie belegen solche technologischen Beharrungskräfte.

grierte Produktions- und Umweltschutzanlagen. Deswegen lassen sich bei der Herstellung nachzuschaltender Reinigungsanlagen eher Skalenvorteile und learning-by-doing-Effekte realisieren[34].

2. Nachzuschaltende Reinigungsanlagen sind weniger branchen- und prozeßspezifisch als integrierte "maßgeschneiderte" Großanlagen[35], haben somit einen großen und stabilen Absatzmarkt mit geringer Abhängigkeit des Produzenten von Branchenkonjunkturen der Abnehmer.

3. Ein großer Teil der emissionsintensiv produzierenden Nachfrager von Umwelttechnologien ist den schrumpfenden Schornsteinindustrien zuzuordnen. Schwierigkeiten bei der Beschaffung von Großkrediten könnten solche Technologieanwender vor dem mit hohen Anschaffungskosten verbundenen Erwerb integrierter Anlagen zurückschrecken lassen[36].

4. Auch synergistische Sortimentseffekte bei Technologieanbietern können die Marktposition additiver Umwelttechnologie verbessern: Sind Anbieter von Umwelttechnologien zugleich Anbieter von Produktionstechnologien, so ist im Umwelttechnologiebereich eine Konzentration auf das Angebot von End-of-pipe-Technologien denkbar, um den Absatz herkömmlicher Produktionstechnologie nicht zu gefährden[37].

---

[34] Vgl. Hartje, Lurie (1984).

[35] Vgl. Hartje, Lurie (1985). Dieser Unterschied ist freilich relativer, nicht absoluter Natur. Auch additive Vermeidungstechnologien sind mitunter "maßgeschneidert". So müssen bei Kraftwerken umwelttechnische Systeme (z.B. neue Entschwefelungsanlagen) speziell auf die Art der zu verfeuernden Kohle ausgelegt werden (vgl. Pöggeler, 1987, S. 56).

[36] Vgl. Zimmermann (1985), S. 29.

[37] Vgl. Zimmermann, S. 37. Anders ist allerdings möglicherweise die Interessenlage eines Anbieters von Produktionsanlagen mit integriertem Umweltschutzeffekt.

- **Entwickler** neuer Technologien bestimmen durch Spezialisierung der in F&E eingesetzten Ressourcen die Richtung der weiteren technischen Entwicklung. Auch auf dieser (aus dynamischer Sicht interessantesten) Stufe begünstigen Ressourcenspezialisierungen existierende Technologien (bei der Firma Klöckner-Humboldt-Deutz beschäftigt sich z.B. ein großer Teil der F&E-Abteilung mit der Weiterentwicklung von Dieselmotoren[38]). Bei einem grundlegenden Wechsel der Forschungsrichtung droht der Verlust von Quasirenten im Forschungs- und Entwicklungsbereich. Zudem erscheint es schon aus technischen Gründen schwieriger, einen gewachsenen Transformationsprozeß an Haupt und Gliedern zu erneuern, als nur periphere Stufen (z.B. Filterstufen) technologisch zu verbessern, ohne die Vorteile des Gesamtprozesses aufzugeben[39]. Schließlich muß bei Entwicklungsentscheidungen auch das "konservative" Interesse der Nachfrager technologischer Neuerungen (Produzenten und Anwender) am Erhalt der einmal gewählten technologischen Linie berücksichtigt werden.

Aufgrund der genannten Spezialisierungsvorgänge[40] entwickelt sich ein "technologischer Stammbaum", dessen "Wachstum" nicht beliebig erfolgt. Ist einmal ein "technologischer Ast" dieses Baumes (ein dominant design) gewählt, so schreitet die weitere Entwicklung eher auf diesem Ast (in enger "technologischer Umgebung") als in völlig anderer Richtung und abseits der

---

[38] Die Klöckner-Humboldt-Deutz AG gab 1985 zwei Broschüren heraus mit den bezeichnenden Titeln: "Verbrennungsverfahren: Mehr denn je im Mittelpunkt der Entwicklungsarbeiten" (1985a) und "Stand der Rußfiltertechnologie für Dieselmotoren in Nutzfahrzeugen" (1985b).

[39] Vgl. Hartje, Lurie (1985), S. 5f.

[40] Dazu kommt möglicherweise die strukturkonservierende Wirkung der Tätigkeit einer auf die Förderung bestimmter Technologien verpflichteten Lobby (z.B. Atomlobby) im politischen Kräftefeld.

existierenden Ressourcenspezialisierungen voran. Grundsätzliche technologische Wahlentscheidungen haben daher oft den Charakter einer nahezu irreversiblen Weichenstellung für die technologische Entwicklung[41].

Die umwelttechnische Entwicklung ist hier keine Ausnahme. Sind in der Vergangenheit Entscheidungen zugunsten additiver Vermeidung (und herkömmlicher Produktion) gefallen, so wirken auf allen genannten Stufen konservierende Kräfte gegen einen Übergang zu integrierter Emissionsreduktion, obwohl dies eigentlich erwünscht wäre. Daraufhin verläuft die umwelttechnische Entwicklung auf einem "falschen" additiven Ast (z.B. emissionsärmerer Einsatz fossiler Brennstoffe), wirkt bezüglich komplexer Umweltprobleme somit allenfalls schadensmildernd, nicht aber umfassend problemlösend.

"Wird im nachhinein die ursprüngliche Überlegenheit integrierten Umweltschutzes erkannt, so ist diese aufgrund hoher 'versunkener' Kosten im Zusammenhang mit der zwischenzeitlich erfolgten Installation der suboptimalen Reinigungstechnologie ex post nicht mehr unbedingt gegeben. Eine suboptimale technologische Entwicklung wird durch die dynamischen Kräfte des innovatorischen Wettbewerbs also nur eingeschränkt und verzögert korrigiert."[42] Eine einmal vorhandene Präferenz für additiven Umweltschutz wird im Lauf der technologischen Entwicklung also möglicherweise verfestigt[43].

---

[41] Die massive staatliche Unterstützung junger "Zukunftsindustrien bzw. -technologien" wie Nuklearindustrie und Flugzeugbau (oft mit militärpolitischer Begründung) ist ein indirekter Beleg für diese Beschreibung der technologischen Entwicklung: Entwicklungssprünge auf andere Äste des Stammbaums kommen ohne solche Förderung nur selten zustande, sind jedoch, wenn einmal erfolgt, "nachhaltig", wie die Diskussion um die Nutzung der Kernenergie zeigt.

[42] Walter, J. (1987b), S. 201.

[43] Der von Pöggeler (1986, S. 61f.) prognostizierte Trend zum integrierten Umweltschutz und das von

Ohne technologiebezogene staatliche Eingriffe kommt es in diesem Fall trotz großer umwelttechnologischer Anstrengungen aufgrund hoher Material- und Energieintensität, Reststoffproblemen und geringer Reduzierungsbandbreite der überwiegend eingesetzten additiven Reduktionstechnologie zu nur aus der kurzfristigen Sicht der Akteure günstigen, langfristig - bei "verspätetem" Wechsel der technologischen Entwicklungslinie - möglicherweise aber sehr teuren Umweltschutzanstrengungen.

3. Auslandswirkung umwelttechnischer Neuerungen

Volkswirtschaften sind nicht nur ökologisch, sondern auch ökonomisch und insbesondere technologisch miteinander verflochten. Die in Abschnitt I.C.4 konstatierte geringe Beeinflußbarkeit ausländischer Emissionen durch inländische Umweltpolitik und durch internationale Verhandlungen kann möglicherweise durch internationale Diffusion im Inland entwickelter fortschrittlicher Umwelttechnologie überwunden werden[44].

Brunowski und Wicke (1984, S. 105) ausgegebene Motto: "Filter haben keine Zukunft" sind daher eher als Hoffnung denn als sichere Prognose anzusehen.

[44] Dem umweltpolitischen Ausland wird nur eine geringe Fähigkeit zur eigenständigen Entwicklung von Umwelttechnologien zugetraut. In Entwicklungsländern fehlt vielfach die zu komplexer Innovationsaktivität erforderliche Ausbildung. Mit hoher umwelttechnischer Dynamik ist aber auch in Ostblockländern nicht zu rechnen. Röpke bezeichnet in einer Analyse des Neuerungsverhaltens zentralgeleiteter Systeme (1976) den Verzicht auf eigene Innovationsaktivität (damit die Abhängigkeit vom Neuerungsimport aus hochentwickelten und dynamischen - marktwirtschaftlichen - Volkswirtschaften) als geradezu systemstabilisierendes Element, da, so das Argument, Neuerungen nur in einer dem zentralen Leitungssystem zuwiderlaufenden freiheitlichen Atmosphäre gefunden und durchgesetzt werden können.

a) Darstellung

Übersteigt infolge rascher umwelttechnischer Entwicklung das Niveau des inländischen umweltbezogenen technologischen Kenntnisstandes T_i den entsprechenden ausländischen Wert T_a[45], so setzen "automatisch" (d.h. mit dem Gewinnerzielungsmotiv erklärbar) eine Reihe außenwirtschaftlicher Mechanismen ein, die in einem gleichsam "osmotischen" Prozeß diesen Unterschied auszugleichen tendieren[46]. Einige dieser Mechanismen seien kurz skizziert:

Diffusion im Rahmen normaler Handelsbeziehungen (technological gap trade): Sind technische Neuerungen in handelbaren (Investitions)gütern "verkörpert", so importiert das technologisch rückständige Land mit den dort nicht verfügbaren Gütern zugleich das in ihnen verkörperte Wissen, was die ursprüngliche Technologiedifferenz tendenziell mildert[47].

Diffusion durch Direktinvestitionen: Direktinvestitionen multinationaler Konzerne stellen eine Alternative zu "normalen" Handelsbeziehungen dar. Internationale Gütermobilität wird durch (firmeninterne) internationale Faktormobilität ersetzt[48]. Durch Direktin-

---

[45] Für die Bundesrepublik Deutschland erscheint diese Annahme durchaus realistisch (vgl. Pöggeler, 1986, S. 59).

[46] Bildhaft kann auch von der technologischen "Infektion" des Auslandes gesprochen werden.

[47] Es läßt sich eine entwicklungstheoretische Variante des Theorems komparativer Kostenvorteile formulieren. Das technologisch fortgeschrittene Land hat bezüglich der Faktorausstattung einen komparativen Vorteil bei der Produktion know-how-intensiver Güter und sollte diese deswegen exportieren. Das technologisch rückständige Land sollte dagegen Güter, deren Herstellung in den anderen Faktoren intensiv ist, exportieren. Eine Diskussion dieser Idee findet sich bei Hiementz, Weiss (1984) und (kritisch) bei Röpke (1980).

[48] Vgl. Schumann (1987b), S. 5.

vestitionen gelangen auch solche Neuerungen, die in nicht handelbaren Gütern oder Produktionsprozessen verkörpert sind, in das technologisch rückständige Land.

Diffusion im Rahmen spezieller Vertragssysteme: Ist der freie Austausch von Gütern und Faktoren durch politische Eingriffe in den freien Handel beeinträchtigt (z.B. Ost-West-Handel), so können - soweit rechtlich zulässig - die beschriebenen Diffusionsvorgänge durch spezielle vertragliche Arrangements (industrial cooperation agreements) ersetzt oder ergänzt werden[49]. Dazu zählen u.a. Kompensationsgeschäfte (Kauf von Investitionsgütern oder Lizenzen und Bezahlung mit den späteren Produkten), Joint ventures (der höher entwickelte Partner steuert das Know-how bei und erwirbt Miteigentum an der Firma im rückständigen Land) oder gemeinsame Produktion in zuvor festgelegter Arbeitsteilung bei entsprechender Aufteilung der Absatzmärkte. Im Ergebnis diffundiert auch hier die fortschrittliche Technologie in das rückständige Land und mindert die "Technologielücke".

Direkter Handel mit technischem Wissen: Hier überquert das technische Wissen nicht verkörpert in "normalen" Gütern, sondern als eigenes Handelsgut die Landesgrenzen. Das rückständige Land kann Know-how in der Form von Rechten zur Lizenzproduktion, Patenten oder technischer Hilfe und Beratung im Ausland erwerben, wenn dies aufgrund der inländischen Nichtverfügbarkeit fortschrittlicher Technologie lohnend erscheint[50].

Freie Übernahme technischen Wissens: Ist der Patent- oder Lizenzschutz auf moderne Technologien abgelaufen,

---

[49] Vgl. für das Beispiel des Ost-West-Handels Hewett (1975), S. 377f.

[50] Oft lohnt bei wenig qualifizierter Arbeitnehmerschaft im Empfängerland der direkte Technologieimport allerdings nur, wenn zugleich qualifizierte Fachkräfte "mitgeliefert" werden.

so steht das unter hohem Aufwand im "fortschrittlichen"
Land erworbene technologische Wissen als öffentliches
Gut dem rückständigen Land frei zur Verfügung[51]. Die
Einbettung dieser Technologien in den dort vorhandenen
Produktionsapparat ist allerdings nicht kostenlos
möglich. Übersteigen jedoch die Erträge der Nutzung der
neuen Technologien die entsprechenden Umrüstkosten, so
lohnt die Übernahme von Technologien für das rückständige Land.

b) Beurteilung

Zwar bleibt unklar, ob die beschriebenen Diffusionsvorgänge hinreichen, um bei komplexen Umweltproblemen
ausgehend von einer überhöhten Auslandsemission einen
ökologischen ungefährlichen Zustand ($\dot{Q} \geq 0$, $\dot{S} \leq 0$) zu
erreichen (zu stabilisieren)[52]. Die technologische
Infektion des Auslandes mit autonom im Inland entwickelter fortschrittlicher Umwelttechnologie ist
jedoch eine insbesondere langfristig wirksame Methode
der Beeinflussung ausländischer Emissionen, die z.B.
als ergänzender Bestandteil des Verhandlungsangebotes
umweltbesorgter Partner in internationalen Umweltverhandlungen geeignet ist.

---

[51] Vgl. Küng (1984).

[52] Die Entwicklung der globalen Immission kann unter
Berücksichtigung einer (zeitlich verzögerten) Technologiediffusion integrierter Umwelttechnologie
beispielsweise wie folgt beschrieben werden:

$$\dot{S} = E_i (R_{pi}, T_{ei}) + E_a (R_{pa}, T_{ea}) - a \cdot Q \qquad und$$
$$dT_{ea} = \sigma \cdot (T_{ei\, t-1} - T_{ea\, t-1}), \qquad \sigma < 1.$$

Ansatzpunkt einer international und technologie-
orientierten Umweltpolitik wäre neben einer Be-
schleunigung der inländischen umwelttechnologischen
Entwicklung z.B. die Beeinflussung des internationalen "Diffusionskoeffizienten" σ, ohne daß die
induzierten zusätzlichen Emissionsreduktionen einen
globalen Schadstoffrückgang (S<0) garantieren
können.

Mit dem fortschrittlichen umwelttechnischen Wissen diffundiert - nach Bewährung im Inland - zugleich die inländische technologische Struktur nach außen. Auch hinsichtlich der Übertragbarkeit neuer inländischer Umwelttechnologie ins Ausland besteht leider möglicherweise eine (den inländischen technologischen Asymmetrien analoge) strukturelle Asymmetrie der umwelttechnischen Entwicklung. Das emittierende Ausland befindet sich in der Position eines Technologieanwenders mit existierendem Produktionsapparat, dessen Ressourcenspezialisierung u.U. die Übernahme additiver umwelttechnischer Neuerungen gegenüber integrierten umwelttechnischen Neuerungen begünstigt. Somit droht nicht nur national, sondern auch international eine umwelttechnische Entwicklung auf dem falschen Ast. Nicht nur bezüglich in- und ausländischer Emissionsmengen, sondern auch hinsichtlich der Struktur der Entwicklung und internationalen Diffusion moderner Umwelttechnologien besteht somit umweltpolitischer Zielbildungs- und Handlungsbedarf[53].

Die qualitative Beschreibung der technologischen Entwicklungsstruktur zeigt einerseits die Gefahr einer (weltweiten) Entwicklung auf dem umweltbezogen falschen Ast des technologischen Stammbaums und andererseits die Möglichkeiten der Beeinflussung ausländischer Emissionen durch rein inländische Initiative[54]. Entsprechend weitsichtige Umweltpolitik muß also auch die strukturbezogenen und auslandsbezogenen Aspekte der umwelttech-

---

[53] Der geplante Verkauf zweier Kraftwerksblöcke, deren gesetzlich geforderte "Nachrüstung" nicht lohnt, durch die Saarbergwerke an China (vgl. o.V., 1988) wäre selbst bei gleichzeitiger Lieferung moderner Filteranlagen daher aus umwelttechnologiepolitischen Gründen bedenklich. Besser wäre z.B. der Export von Wind-, Solar- oder Wasserkrafttechnologie.

[54] Inländische Entwicklungen auf dem Gebiet fortschrittlicher Technologien zur Umweltreparatur können natürlich ebenfalls grenzüberschreitende Bedeutung erlangen.

nologischen Entwicklung beachten[55]. Die Berücksichtigung umwelttechnischer Entwicklung zeigt insgesamt, daß komplexe Umweltprobleme im Prozeß der umweltpolitischen Zielbildung nicht nur als Allokationsprobleme im Sinne von Emissionsmengenproblemen, sondern auch als Innovationsprobleme aufgefaßt werden sollten[56], daß emissionsmengenbezogene Umweltziele mithin um explizit umwelttechnologisch formulierte Ziele ergänzt werden sollten.

Umwelttechnologische Ziele können allerdings - wegen der allen technologischen Entwicklungen eigenen Unsicherheit - nur qualitativ und nie "punktgenau" formuliert werden.

E. Zusammenfassung

Der erste Teil der Arbeit zeigt insgesamt, daß die ökonomische Erklärung fehlgeleiteter Umweltnutzung und die Identifikation von Zuständen optimaler Umweltnutzung zwar prinzipiell gelingt, daß aber mit zunehmender Berücksichtigung wesentlicher Aspekte komplexer Umweltprobleme die Formulierung allokationstheoretisch fundierter und rein emissionsmengenbezogener Umweltziele immer weniger "vollständig" ist.

Der Beitrag der Umweltökonomie bei der Vorbereitung umweltpolitischer Entscheidung muß in dieser Situation in einer Neukonzeption umweltpolitischer Zielbildung bestehen. Die Berücksichtigung umwelttechnologischer

---

[55] Auf die Nutzung fossiler Brennstoffe bezogene umwelttechnologische Forschungs- und Entwicklungsaktivität ist - angesichts des eingangs erwähnten Treibhausproblems - verfehlt, wenn dadurch die Nutzung dieser Brennstoffe verlängert wird.

[56] Theoretisch ist dieses Begriffspaar mißverständlich, da Innovationsprobleme als spezielle Allokationsprobleme aufgefaßt werden können. Hier bezieht sich die Unterscheidung auf die korrespondierenden unterschiedlichen Zielsysteme.

Dynamik weist einen möglichen Weg: Ergänzt die Umweltökonomie hinsichtlich der umweltbezogenen Zielformulierung ihre "Emissionsmengenorientierung" um eine
spezielle "Innovationsorientierung", so sind auch für
komplexe Umweltprobleme sinnvolle (wenn auch nicht
punktgenaue oder theoretisch optimale) Zielvorgaben
formulierbar.

Im folgenden zweiten Teil der Arbeit wird die Bedeutung
der grundsätzlichen Problemorientierung für die konkrete Umweltpolitik durch Gegenüberstellung je einer
umweltpolitischen Konzeption zur Bewältigung einfacher
und komplexer Umweltprobleme gezeigt. Dabei wird die
Interdependenz zu anderen Politikbereichen weitgehend
vernachlässigt. Nochmals sei daher erwähnt, daß grundsätzlich eine wirksame Umweltpolitik in wachsenden
Volkswirtschaften leichter als in stagnierenden
durchsetzbar ist, und daß eine marktwirtschaftliche
Organisation der Volkswirtschaft günstige Voraus-
setzungen für Wachstum und (damit) Umweltschutz
schafft.

II. Politische Bewältigung von Umweltproblemen

Die nun zu diskutierenden Konzeptionen zur Bewältigung von Umweltproblemen sind mit Blick auf die zugrundeliegende Komplexität von Umweltproblemen zugespitzt formulierte theoretische Konstrukte, an denen der Einfluß der Art des betrachteten Umweltproblems auf die abzugebenden umweltpolitische Empfehlungen deutlich wird.[1]

A. Emissionsmengenorientierte Umweltpolitik zur Bewältigung einfacher Umweltprobleme

1. Konzeption

Die Bewältigung einfacher Umweltprobleme, bei denen die inländischen steuerbaren Emissionen E_{1b} die einzige Ursache der Beeinträchtigung der Umweltqualität sind (vgl. Abschnitt I.C.5), erfordert eine Umweltpolitik, die hinsichtlich Problemverständnis und Zielformulierung auf der Logik der in Abschnitt I.B referierten Allokationsmodelle basiert und - unter Vernachlässigung von Aspekten der Schadstoffakkumulation und der umweltrelevanten Vorverschmutzung - auf einfache Emissionsmengenziele gerichtet ist. Aktivitäten auf dem Gebiet der Umweltreparatur und der nachträglichen Schadensmilderung können ebenso vernachlässigt werden wie eine differenzierte Betrachtung unterschiedlicher technologischer Methoden der Emissionsreduktion (vgl. Abschnitt I.D). Sollten Steuergröße E_{1b} und Zielgröße Q dennoch auseinanderfallen, so ist im folgenden implizit unterstellt, daß eine auf E_{1b} bezogene Umweltpolitik zumindest als "second-best-Lösung" angesehen werden kann.

---

[1] Peters (1987, S. 46) definiert eine Konzeption als "Zusammenfassung und möglichst widerspruchsfreie Verknüpfung von langfristig bedeutsamen Zielen sowie zielkonformen Instrumenten und Methoden zu einem operationalen Leitbild, an dem sich die Handlungen der staatlichen Instanzen zu orientieren haben".

Aufgrund der zentralen Bedeutung von Emissionsmengenzielen (theoretisch als Lösung "umwelterweiterter" Wohlfahrtskalküle - vgl. Abschnitt I.B - aufzufassen) wird für eine so begründete Umweltpolitik die Bezeichnung "emissionsmengenorientierte Umweltpolitik" vorgeschlagen.

Die auf dieser Konzeption für einfache Umweltprobleme basierenden umweltpolitischen Empfehlungen seien durch Auseinandersetzung mit folgenden Fragen untersucht:

1. Wer sollte die im Zusammenhang mit Umweltbelastung und Umweltschutz auftretenden Kosten tragen, inwieweit sollte der Staat selbst "umweltaktiv" werden?

2. An welcher konkreten Bezugsgröße sollten umweltpolitische Eingriffe ansetzen?

3. Wie sind die in der umweltpolitischen Diskussion vorgeschlagenen umweltpolitischen Instrumente zu beurteilen?

2. Zuweisung umweltbezogener Kosten

Auf allen Stufen des in Abb.7 (indirekt) dargestellen Prozesses der Umweltbelastung treten umweltbezogene Kosten auf. Zu unterscheiden sind Kosten der Emissionsreduktion, der Entsorgung bereits angefallener Emissionen, des umweltbedingten Konsumverzichts, der "Umweltreparatur", der nachträglichen Schadensmilderung und der letztlich hingenommenen Schäden. Art und Umfang der umweltbezogenen Anpassungsreaktionen beeinflussen den Charakter der anfallenden Kosten, nicht aber deren grundsätzliche Zurechenbarkeit. Unterbleiben z.B. Maßnahmen aktiver oder passiver Umweltanpassung, so ist die Zuweisung der Kosten der (in vollem Umfang) hingenommenen Schäden zu regeln. Bei Milderung dieser Schäden durch Emissionsreduktionsmaßnahmen geht es demge-

genüber um die Zuweisung der Kosten der Emissionsreduktion[2].

Da bei einfachen Umweltproblemen zumeist Klarheit über
die Verursachungszusammenhänge besteht, ist eine verursachungsgerechte Zurechnung von Kosten, die im Zusammenhang mit der Umweltbelastung entstehen (Verursacherprinzip), relativ einfach möglich[3]. Die "Abwälzung"
solcher Kosten auf die Allgemeinheit (Gemeinlastprinzip) ist dagegen nur in den wenigen Fällen unklarer
Verursachung als "umweltpolitischer Notbehelf"[4] erforderlich.

In der umweltökonomischen Literatur besteht weitgehend
Einigkeit über die möglichst weitgehende Anwendung des
Verursacherprinzips. Strittig ist allerdings dessen
konkrete Auslegung.[5]

Werden alle Nutzer knapper Umweltmedien (also auch die
Empfänger über diese Medien übertragener externer

---

[2] Alternativen Kostenzurechnungsprinzipien entspricht
zugleich eine Entscheidung über die Beteiligung des
Staates an Umweltschutzaktivitäten. Wird der Staat
bei Anwendung des Verursacherprinzips nicht herangezogen, so werden ihm bei Anwendung des Gemeinlast-
prinzips die im Zusammenhang mit dem Schutz der
Umwelt erforderlichen Aktivitäten überantwortet.

[3] Da im Fall einfacher Umweltprobleme unterschiedliche
Methoden der Emissionsreduktion als prinzipiell
gleichwertig betrachtet werden (s.o.), existiert
auch kein Widerspruch zwischen Verursacherprinzip
und Vorsorgeprinzip, nach dem Umweltbelastungen
durch den Einsatz vorbeugender Maßnahmen möglichst
schon am Entstehen gehindert werden sollen. Vgl.
z.B. Siebert (1986), S. 28, und Zimmermann (1985),
S. 14ff.

[4] Wicke (1982), S. 80.

[5] Vgl. die erwähnte Debatte um den Verursacherbegriff
bei Bonus (1986c), Brösse (1986) und Schmitt, Scheele (1986). Die folgenden Ausführungen zu Verursacher und Gemeinlastprinzip sind insofern allgemeiner und theoretischer Natur, als sie nicht auf
den konkreten juristischen Gehalt dieser Begriffe
(z.B. im bundesdeutschen Rechtssystem) eingehen.

Effekte) als Verursacher der resultierenden Knappheitsfolgen betrachtet, so sind auch Instrumente, mit denen
die Entschädigung für das Nichtaussenden solcher
Effekte organisiert wird, mit dem Verursacherprinzip
vereinbar.[6] Im folgenden sei allerdings - eingedenk der
in Abschnitt I.B.2 gegen diese Deutung vorgebrachten
Vorbehalte - die "vulgäre" Interpretation des
Verursacherprinzips[7] übernommen, wonach nur der Aus-
sender externer Umwelteffekte als Verursacher gilt.

Ein anderes Problem des Verursacherprinzips besteht bei
der Existenz ganzer Verursacherketten, wenn diese Regel
mit der Forderung konfligiert, Umweltschutzmaßnahmen
seien an der kostengünstigsten "Zugriffsstelle" vorzu-
nehmen. Soll z.B. gemäß der konkreten Ausgestaltung des
Verursacherprinzips stets der "Letztverursacher" be-
langt werden, so ist die betreffende Emissionsreduktion
möglicherweise ineffizient. Bezüglich konkreter Ausge-
staltungsmöglichkeiten des Verursacherprinzips sei auf
den Abschnitt II.A.4 über umweltpolitische Instrumente
verwiesen.

Nur ausnahmsweise wird auf der anderen Seite die Übernahme dieser Kosten durch die Allgemeinheit (öffentliche Hand) akzeptiert, etwa bei früher verursachten
und heute erst offenbaren Umweltschäden, deren Verursacher nicht mehr eindeutig ermittelbar sind (Altlasten), oder bei Umweltschutzaktivitäten, die wegen
Freifahrer- oder Identifikationsproblemen von einzelnen

---

[6] So werden nach der fünften Änderungsnovelle zum
Wasserhaushaltsgesetz (vgl. Bundestagsdrucksache
10/3973) Landwirten, die - dem Gesetz gehorchend -
in Wasserschutzgebieten auf intensive Düngung ver-
zichten müssen, Entschädigungen gewährt, welche vom
Verbraucher durch einen Zuschlag zum Wasserpreis
("Wasserpfennig") aufgebracht werden. Vgl. dazu die
Interpretation bei Bonus (1986c).

[7] Diese Wortwahl ist angelehnt an diejenige bei Bonus
(1986c).

nicht erzwungen werden können. Hier muß das Gemeinlastprinzip zum Tragen kommen.

Die grundsätzliche Abneigung gegen das Gemeinlastprinzip sei nun am Beispiel der staatlichen Subventionierung umweltschonender Aktivitäten und für direkte
staatliche Interventionen im Umweltschutz begründet[8].

Die staatliche (gemeinlastfinanzierte) Förderung privater Aktivitäten im Umweltschutz[9] wird kritisiert, da
weder Subventionen für das Unterlassen (oder nachträgliches Beseitigen) von Schadstoffemissionen noch solche
für umweltfreundlich produzierte Güter die Struktur der
Güterpreise (und damit die Ertragsstruktur der Faktoren) in der richtigen, die Umweltknappheit korrekt
wiederspiegelnden Weise korrigieren.

Im ersten Fall fördert die Subventionierung nachträglich das zunächst umweltschädlich hergestellte Produkt.
Die erwünschten Preiseffekte der Maßnahmen zur
Schadstoffminderung auf das umweltschädlich hergestellte Produkt unterbleiben, die Nachfrage wird
(fälschlicherweise) zu diesem Gut hingelenkt. Im zweiten Fall wird die existierende Verzerrung der Struktur
der Güterpreise nur zugunsten der direkt oder indirekt
subventionierten Güter reduziert, die Verzerrung bei
den Preisen der nicht subventionierten Güter (und - bei
divergierenden Faktorintensitäten - die Verzerrung der
Faktorerträge) bleibt bestehen.

Überdies haben Subventionen oft unerwünschte Ankündi-
gungseffekte. Emittenten zögern Umweltschutzmaßnahmen
möglicherweise in der Hoffnung auf spätere staatliche
Zuschüsse hinaus. Schließlich lassen sich Subventionen

---

[8] Vgl. z.B. Siebert (1976), S. 12ff., Wicke (1982),
     S.80.

[9] Entsprechende Unterstützungen können in Form direk-
     ter Transfers oder als Steuer-, Kredit- oder
     Abschreibungserleichterungen gewährt werden.

- selbst wenn ihr unmittelbarer Anlaß entfallen ist -
nur schwer wieder abzuschaffen. Sie werden als "Besitz-
stand" von den begünstigten Gruppen zäh verteidigt[10].

Eine direkte staatliche Übernahme von Umweltschutzaktivitäten im Wege öffentlicher Investitionen erfolgt
zumeist im Bereich umweltbezogener "Nachsorge" (z.B.
Klärwerke). Das diesbezüglich kritische Argument ist
ordnungspolitischer Natur. Bevor Aktivitäten vom privaten an den staatlichen Sektor der Wirtschaft übertragen werden, so das Argument, ist der Nachweis zu erbringen, daß der Staat diese Aktivitäten besser er-
ledigt als der private Sektor. Grundsätzlich besteht
die Vermutung, daß die privaten Wirtschaftseinheiten
aufgrund ihrer "intimen" Kenntnisse der Produktionsprozesse "vor Ort" wesentlich kostengünstigere (effek-
tivere) Umweltschutzmaßnahmen kennen und umsetzen
können als schlecht informierte und dem Wettbewerbs-
druck entzogene staatliche Instanzen[11]. Kann im Wege
der verursachungsgerechten Kostenzuweisung ein Anreiz
für privates Engagement in solchen Umweltschutzaktivitäten geschaffen werden, sind direkte staatliche
Eingriffe daher abzulehnen.

Kann dagegen gezeigt werden, daß bestimmte Umweltschutzaktivitäten auch bei verursachungsgerechter Kostenzuweisung von privater Seite nicht erfolgen, liegen
"geborene", gemäß Gemeinlastprinzip zu finanzierende

---

[10] Vgl. z.B. Olson (1982b), und Hiementz, Weiss (1984,
S. 24ff.) zur Beharrungstendenz einmal gewährter
Subventionen.

[11] Vgl. Bonus (1985), S. 33. Staatliche Eingriffe im
Bereich des Umweltschutzes sollten darüberhinaus nur
erfolgen, wenn die Kosten dieser Eingriffe im Vergleich zum umweltbezogenen Nutzen nicht "unverhält-
nismäßig" hoch sind. Da der Begriff "unverhältnis-
mäßig" jedoch (angesichts intangibler Umweltwerte)
extrem auslegungsfähig ist, muß letztlich das richtige Ausmaß umweltbezogener staatlicher und gemäß
Gemeinlastprinzip finanzierter Eingriffe pragmatisch
ermittelt werden.

Staatsaufgaben vor[12]. Während dies üblicherweise für die Bereiche Altlastensanierung und "Umweltreparatur" (bzw. nachträgliche Schadensmilderung) zugestanden wird[13], werden z.B. staatliche Aktivitäten im Bereich der umweltbezogenen Forschung und Entwicklung mit dem Hinweis auf vermutete betriebliche Informationsvorsprünge abgelehnt[14].

These 1: Eine durch den Nulltarif verzerrte Umweltnutzung sollte bei einfachen Umweltproblemen weitestmöglich durch verursachungsgerechte Kostenzuweisung (-internalisierung) korrigiert werden. Die Übernahme von umweltbezogenen Kosten durch die Allgemeinheit belohnt die dadurch entlasteten umweltschädlichen Aktivitäten und behindert die erforderliche Korrektur von Güterpreisen und Faktorerträgen. Direkte staatliche Aktivität im Umweltschutz ist nur bei geborenen Staatsaufgaben zu rechtfertigen, deren Vorliegen fallweise streng zu prüfen ist.

3. Bezugsgröße umweltpolitischer Eingriffe

Durch die Wahl einer politischen Bezugsgröße für die Zuweisung umweltbezogener Kosten werden Adressat und Anknüpfungspunkt konkreter umweltpolitischer Eingriffe allenfalls überschlägig bestimmt. Ein exakt verursachungsgerechter Eingriff ist utopisch. Es stellt sich vielmehr die Frage, welche Bezugsgröße eine **weitest-**

---

[12] Siebert (1976, S. 19) rechtfertigt staatliche Interventionen auch dann, wenn spezielle Vorteile (Economies of scale bei zentraler Entsorgung) dieses Informationsdefizit überkompensieren. Dieses Argument ist allerdings insofern statischer Natur, als es bei einem Wechsel des Stands der Technik im Entsorgungsbereich für einmal errichtete Anlagen nicht mehr zwingend zutrifft.

[13] Vgl. z.B. Hartje (1986), Müller (1985).

[14] Dieses ordnungspolitische Urteil wird z.B. von Oberender, Rüter (1987) und Starbatty (1987) bezüglich jeglicher staatlichen Innovationsförderung und -lenkung vertreten.

möglich verursachungsgerechte Kostenanlastung ermöglicht.

Die hinsichtlich der Wahl der umweltpolitschen Bezugsgröße in der Umweltökonomie "herrschende Meinung" läßt
sich an Abb.11 erläutern[15]. Abb.11 zeigt alternative
umweltpolitische Anknüpfungspunkte, geordnet nach zunehmender "Distanz" von den Emissionen.

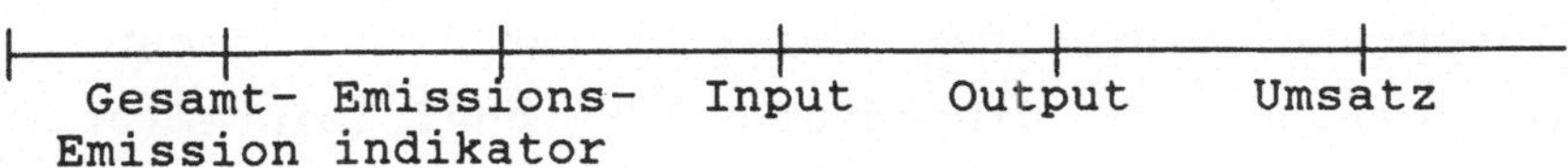

Abb.11: Umweltpolitische Bezugsgrößen

Die daran anknüpfende These lautet: Die direkten
Effekte eines politischen Eingriffs sind stets größer
als die indirekten Effekte; die Besteuerung von Inputs
wirkt also z.B. am stärksten zur Reduktion dieser
Inputs und die Besteuerung von Emissionen am stärksten
zur Emissionsreduktion. Je weiter entfernt von den
relevanten Emissionen mit anderen Worten ein umweltpolitischer Eingriff ansetzt, um so geringer wird dessen Anreizfunktion zur Emissionsreduktion sein und um
so größer ist die Wahrscheinlichkeit, daß unerwünschte
Anpassungsreaktionen hervorgerufen werden[16]. Lassen
sich verschiedene denkbare Bezugsgrößen für einen umweltpolitischen Eingriff bei einem emittierenden Unternehmen in eine eindeutige Reihenfolge hinsichtlich der
"Distanz" zu den Emissionen bringen (vgl. Abb.11), so
korrelliert nach dieser Auffassung die emissionsbezogene Wirkung eines umweltpolitischen Instruments
streng mit dieser emissionsbezogenen "Distanz" von dessen Bezugsgröße. Erhebungstechnische Gründe für die An-

---

[15] Vgl. Siebert (1976), S. 32.
[16] Vgl. Siebert (1976), S. 33.

wendung indirekter Schädlichkeitskriterien (z.B. eine
Vielzahl von Kleinstverursachern)[17] seien bei der fol-
genden Diskussion der mit emissionsbezogen "falschen"
Bezugsgrößen verbundenen Fehlanreize vernachlässigt.

Die Wahl der Bezugsgröße für die Subventionierung
umweltschonender (emissionssenkender) Aktivitäten legt
einen bestimmten Kreis begünstigter Aktivitäten und
Wirtschaftseinheiten eindeutig fest. Bezieht sich die
Entlastung z.B. nur auf spezielle Aktivitäten (z.B. auf
die Einführung bestimmter umweltfreundlicher Technologien), werden nur diejenigen Wirtschaftseinheiten,
die genau auf diese Weise Emissionen senken, belohnt
(schiefe Anreizeffekte). Bezieht sich die Entlastung
auf einen emissionsnahen "Ersatzparameter" wie z.B.
Materialeinsparung, dann erfolgen Emissionssenkungen
nur, sofern die kostengünstigste Methode der Materialeinsparung zufällig mit der Reduktion von Emissionen verbunden ist. Möglicherweise ist dies jedoch eine
sehr teure Art der Emissionsreduktion. Ermöglichen demgegenüber materialintensive End-of-pipe-Technologien
eine kostengünstigere Methode der Emissionsreduktion,
so setzt der umweltpolitische Eingriff bei der Materialeinsparung am falschen "ökonomischen Hebel" an[18].

Analog ist für politische Eingriffe zu argumentieren,
die durch kostenbezogene Belastung der Emittenten eine
Umweltwirkung erzielen sollen. Eine verursachungsgerechte Belastung setzt direkt bei den Emissionen
selbst an. Die Wahl anderer Parameter des (emissionsintensiven) Produktionsprozesses als Bezugsgröße umweltpolitischer Eingriffe belastet die Emissionen nur
mittelbar und führt zu einer "schiefen" Kostenbelastung. Die jeweils Belasteten reagieren mit einer auf
die gewählte Bezugsgröße, nicht unbedingt jedoch emis-

---

[17] Vgl. Cansier (1983), S. 767.
[18] Vgl. Siebert (1976), S. 22ff. und S. 32ff.

sionsbezogenen Aktivitätsveränderung. Die Verteuerung schwefelhaltiger Brennstoffe durch eine spezielle Verbrauchssteuer beispielsweise führt zwar zu einer Drosselung des Einsatzes dieser Brennstoffe, die Minderung der Schwefelemission wäre aber möglicherweise billiger durch nachträgliches Zurückhalten des freigesetzten Schwefels zu erzielen. Dazu bietet die Besteuerung aber keinen Anreiz. Die Besteuerung umweltschädlich hergestellter Güter induziert somit ebenfalls nur zufällig die kostengünstigsten Reduktionsmaßnahmen. Meist existieren billigere Möglichkeiten der Emissionsreduktion als eine (möglicherweise sogar unerwünschte) Drosselung der Güterproduktion.

Auch umweltpolitische Eingriffe, die "konstruktionsbedingt" nur einen Teil der Emittenten erreichen (etwa wenn sie nur neu zu genehmigende Anlagen, nicht aber "Altanlagen" betreffen), sind aufgrund schiefer Anreizeffekte negativ zu beurteilen.

Die geschilderten emissionsbezogen "schiefen" Anreize treten nicht auf, wenn als Bezugsgröße des staatlichen Eingriffs die Emissionen selbst gewählt werden, etwa in Form allgemeiner "Emissionsreduktionsprämien"[19] oder allgemeiner Emissionsabgaben.

These 2: Umweltpolitische Eingriffe, die umweltschädliche (umweltschonende) Aktivitäten belasten (entlasten), sollten im Falle einfacher Umweltprobleme direkt und umfassend an den (reduzierten) Emissionen ansetzen. Eine unvollständige Erfassung von Emittenten oder von emissionsintensiven Aktivitäten durch die Wahl "emissionsnaher" Ersatzparameter als Bezugsgröße umweltpolitischer Eingriffe induziert demgegenüber suboptimale Anpassungs- und Ausweichreaktionen.

---

[19] Strenggenommen müßten dabei auch Emissionsreduktionen aufgrund von Betriebsstillegungen prämiert werden (Vgl. Siebert, 1976, S. 14).

4. Beurteilung umweltpolitischer Instrumente

Für die Bewältigung einfacher Umweltprobleme sind bei der Beurteilung konkreter umweltpolitischer Instrumente ausschließlich Instrumente zur Emissionsreduktion, nicht jedoch solche zur Umweltreparatur von Interesse (vgl. Abschnitt II.A.1).

Die folgende Untersuchung beschränkt sich auf die in der umweltpolitischen Debatte besonders intensiv diskutierten Auflagen-, Abgaben- und Zertifikatelösungen[20,21]. Da bei einfachen Umweltproblemen Fälle unklarer Verursachung annahmegemäß keine große Rolle spielen, wird die insbesondere bei umweltbezogener Unsicherheit interessante Ausgestaltung des Haftungsrechts hier (noch) nicht behandelt[22].

a) Darstellung

Auflagenlösungen

Umweltbezogene Ge- und Verbote (Auflagen) können an verschiedenen Stellen im Produktionsprozeß (vgl. Abb.11) ansetzen und unterscheiden sich nach Art und Umfang des Adressatenkreises der Regulierung[23].

---

[20] Alle genannten Eingriffe können als Instrumente des Verursacherprinzips bezeichnet werden (vgl. Endres 1985, S. 21). Auflagenlösungen erzielen allerdings einen nur mittelbar verursachungsgerechten Belastungseffekt durch die bei der Erfüllung der Auflagen zwangsläufig anfallenden Mehrkosten der Produktionsumstellung (vgl. Wicke, 1982, S. 93).

[21] Subventionen als Entlohnung des Reduzierens bzw. Nichtaussendens negativer externer Effekte bei Recht zum Aussenden werden als nicht "verursachungsgerecht" vernachlässigt (vgl. Abschnitt II.A.2).

[22] Die momentan geringe praktische Bedeutung der Umwelthaftung` in der Bundesrepublik Deutschland (vgl. Endres, 1985, S. 49) kann insofern auch als Hinweis dafür gedeutet werden, daß die gegenwärtig betriebene Politik überwiegend die Bewältigung einfacher Umweltprobleme beabsichtigt.

[23] Vgl. Wicke (1982), S. 91ff.

Das wichtigste bundesdeutsche Umweltgesetz, das 1974 verabschiedete Bundesimmissionsschutzgesetz (BImSchG)[24] ist ein Paradebeispiel für auflagenorientierte Umwelt- politik ("command-and-control-strategy"). Es sei zur Illustration der möglichen Vielfalt von Auflagenlösun- gen kurz vorgestellt[25].

Das BImSchG enthält anlagebezogene, gebietsbezogene und produktbezogene Luftreinhaltemaßnahmen.

Für über 100 Gruppen industrieller Anlagen, die in der vierten Durchführungsverordung zum BImSchG aufgeführt sind, besteht nach §4 eine Genehmigungspflicht. Genehmigungsvoraussetzungen sind nach §5, daß 1. durch Errichtung und Betrieb der Anlage keine schädlichen Umwelteinwirkungen hervorgerufen werden und 2. Vorsorge gegen schädliche Umwelteinwirkungen getroffen wird, insbesondere durch die dem Stand der Technik entsprechenden Maßnahmen zur Emissionsbegrenzung. Was als schädliche Umwelteinwirkung anzusehen ist und welche Maßnahmen zur Emissionsbegrenzung dem Stand der Technik entsprechen, ist in der Anleitung zur Reinhaltung der Luft (TA-Luft), einer Verwaltungsvorschrift zur einheitlichen Abwicklung des Genehmigungsverfahrens, niedergelegt[26].

Schädliche Umwelteinwirkungen liegen vor, wenn durch Errichtung und Betrieb betreffender Anlagen ein in der TA-Luft für wesentliche luftverunreinigende Stoffe festgelegter Immissionswert ("Immissionsdeckel") - ausgedrückt in g Schadstoff je m³ Umgebungsluft - für das maßgebliche Beurteilungsgebiet überschritten wird.

---

[24] BGBl. I (1974), S. 721ff.

[25] Die folgenden Erläuterungen zum BImSchG erfolgen in weitgehender Anlehnung an Walter, J. (1987a), S. 91ff. Vgl. auch Wicke (1982), S. 101ff.

[26] Für große Feuerungsanlagen ab einer gewissen Wärmeleistung gelten entsprechende Werte der Großfeuerungsanlage-Verordnung.

Der Stand der Technik ist in der TA-Luft für ca. 200 Schadstoffe und ca. 40 Anlagegruppen durch Emissionsgrenzwerte - ausgedrückt in g Schadstoff je m³ Abluft - bestimmt. Die TA-Luft von 1974 wurde 1983 und 1986 novelliert, wobei zum Teil alte Grenzwerte herabgesetzt und neue eingeführt wurden.

Einmal genehmigte Anlagen (Altanlagen) konnten bis 1986 lediglich durch nachträgliche Anordnung gemäß §17 BImSchG zusätzlichen Anforderungen unterworfen werden, und dies nur bei Wahrung der Verhältnismäßigkeit und im Rahmen des Standes der Technik. Insgesamt waren Altanlagen somit weniger restriktiven Auflagen unterworfen als Neuanlagen. Man hoffte, daß sich im Zuge der Ausmusterung alter Anlagen die moderne Technologie schließlich überall durchsetzt. Die neue TA-Luft von 1986 enthält allerdings ein Altanlagensanierungskonzept, wonach Altanlagen innerhalb bestimmter, nach Umweltgefährlichkeit und technischen Besonderheiten gestaffelter Fristen nachgerüstet werden müssen. Große Anlagen sind ferner der Störfallverordnung[27] unterworfen, in der die Betreiber solcher Anlagen bestimmten Sicherheitspflichten und Anforderungen zur Verhinderung von Störfällen und zur Begrenzung von Störfallauswirkungen unterworfen werden, um gefährliche Auswirkungen unkontrollierter Betriebsvorgänge möglichst gering zu halten.

Die dargestellten anlagebezogenen Maßnahmen des BImSchG (Siebert spricht von der Politik des individuellen Schornsteins[28]) folgen der sogenannten Emissionsstandard-Philosophie, nach der bei allen Verschmutzungsquellen (bzw. Anlagegruppen) die maximal mögliche Emis-

---

[27] Vgl. Zwölfte Durchführungsverordnung zum BImSchG (12. BImSchV), BGBl. I (1980), S. 772ff.
[28] Vgl. Siebert (1982d), S. 284.

sionsreduktion anzustreben ist[29]. Was maximal möglich ist, bestimmt der Stand der Technik. Schreitet dieser fort, sind die Auflagen entsprechend zu verschärfen.

Gebietsbezogene Maßnahmen des BImSchG betreffen die Ausweisung von Belastungsgebieten (§44), in denen auf der Basis von Emissionserklärungen seitens der Anlagebetreiber (§27) Emissionskataster (d.h. Angaben über Art, Menge, Verteilung und Austritt von Luftverunreinigungen) zu erstellen sind (§45). Mit Hilfe dieser Angaben erstellen die Behörden dann Luftreinhaltepläne (§47) zur langfristigen Reduktion von Luftverunreinigungen in Belastungsgebieten.

Produktbezogene Maßnahmen des BImSchG bestehen in Auflagen über die Zusammensetzung von Anlagen, Stoffen, Erzeugnissen (insbesondere Fahrzeuge), sowie Brenn- und Treibstoffen (§§ 32-38).

Die dargestellten Auflagen besitzen hinsichtlich Technologie, Schadstoff, Branche, Region, Produkt und damit in Bezug auf den Adressatenkreis nur spezifische, selektive Wirkung. Das Beispiel des BImSchG ist typisch. Umweltpolitische Detailsteuerung ist ein wesentliches Merkmal aller Auflagenlösungen.

Abgaben- und Zertifikatelösungen

Abgaben- und Zertifikatelösungen wirken über eine Verteuerung statt über eine Regulierung emissionsintensiver Aktivitäten, können daher auch als marktwirtschaftliche umweltpolitische Instrumente bezeichnet

---

[29] Dieser Strategie stellt Bonus (1984b, S. 331) die Luftqualitätsstandard-Philosophie gegenüber, gemäß der unabhängig vom Stand der Technik die Umweltqualität Richtschnur für die Umweltpolitik ist.

werden. Die Umweltnutzung wird mit einem Preis belegt[30].

Durch idealtypische Emissionsabgaben wird die Inanspruchnahme der Umweltfaktoren durch Emission von Schadstoffen mit einem politisch fixierten Preis versehen[31]. Die Emittenten vergleichen diesen Preis mit den Kosten der Schadstoffminderung. Solange die Schadstoffminderung je Emissionseinheit billiger ist als die Zahlung der Abgabe, werden Emissionen reduziert. Das resultierende Emissionsniveau hängt also von der Höhe der Abgabe und von den Beseitigungskosten ab.

Die Zertifikatelösung besteht in der Ausgabe von "Emissionserlaubnisscheinen" (Zertifikaten) in der Höhe zuvor festgelegter (regionaler) Kontingente[32]. Da seitens der Betreiber umweltbelastender Anlagen eine Nachfrage nach Emissionsrechten besteht, bilden sich (regionale) Märkte heraus, auf denen diese Rechte gehandelt werden. Je kleiner das bereitgestellte Kontingent ist und je höher die Nachfrage nach Rechten, desto höher wird der auf solchen Märkten vorherrschende Preis liegen. Im

---

[30] Umweltbezogene Abgaben- und Zertifikatelösungen können sich auf emittierte Schadstoffe oder auf mittelbar umweltbelastende Ersatzparameter beziehen. Hier seien nur die direkt emissionsbezogenen Varianten betrachtet.

[31] De facto werden oft Kombinationen von Abgaben- und Auflagenlösungen realisiert. So gilt für die bundesdeutsche Abwasserabgabe eine Tarifhalbierung für diejenigen Abwassermengen, die die vom Wasserhaushaltsgesetz vorgegebenen Grenzwerte nicht übersteigen. Vgl. dazu z.B. Cansier (1983), S. 770. Zur Tarifberechnung vgl. auch Siebert (1981), S.41f.

[32] Mögliche Verfahren der Ausgabe von Zertifikaten an die Betreiber umweltbelastender Anlagen diskutiert Endres (1985, S. 34ff.). Die Zuteilungskriterien sind willkürlich. Aus strukturpolitischen Gründen am "reibungslosesten" ist das Verfahren, zunächst die alteingesessenen Betreiber bereits genehmigter Anlagen zu bedienen ("Grandfathering").

Unterschied zur Abgabenlösung ist hier also die Emissionsmenge die politisch vorgegebene Größe, während sich der Preis für Emissionsrechte frei einpendelt[33]. Der Verkauf von Umweltzertifikaten auf dem freien Markt kann als "Institution zur Ermittlung von Schattenpreisen" interpretiert werden, deren Funktion Bonus (1977/78, S. 20) wie folgt beschreibt: "Ökonomisch gesehen wird die assimilative Kapazität der Umwelt in Bezug auf einen Schadstoff 'vermietet' und auf diese Weise dort nutzbar gemacht, wo sie volkswirtschaftlich den höchsten Ertrag bringt." Auf mögliche Schwankungen der assimilativen Kapazität der Umwelt ist im Idealfall mit entsprechend korrespondierenden Schwankungen der Größe des bereitgestellten Kontingentes zu reagieren.

Die beiden vorgestellten Varianten marktwirtschaftlicher Umweltpolitik unterscheiden sich somit durch Höhe und Flexibilität der jeweils vorherrschenden "Umweltpreise"[34]. Ferner unterscheiden sich Anlaß und Verwendung der jeweils vom Emittenten zu leistenden Zahlungen[35].

Abgabenzahlungen fließen vom Emittenten an eine staatliche Instanz, solange der Emittent "aktiv" ist. Die staatlichen Einnahmen können - je nach Ausgestaltung

---

[33] Auf diese Spiegelbildlickeit der beiden Lösungen weist Bonus (1985), S. 33 hin.

[34] Zwar könnten Abgabensätze im Rahmen des von Baumol und Oates vorgeschlagenen Standard-Preis-Ansatzes durch ein trial-and-error-Verfahren flexibilisiert werden, bei dem eine Behörde auf Abweichungen der tatsächlichen Emissionen von einem zuvor fixierten Standard mit Änderungen des Abgabensatzes reagiert, bis der Abgabensatz gefunden ist, bei dem die tatsächlichen Emissionen gerade dem angestrebten Standard entsprechen. Vgl. Baumol, Oates (1972), S. 42-54. Da dieses Verfahren allerdings mit sehr hohen Transaktionskosten verbunden ist und die Existenz einer unabhängigen "Emissionspreisbehörde" voraussetzt, ist seine Anwendung kaum praktikabel.

[35] Vgl. Walter, J. (1987b), S. 202ff.

der Abgabe - ohne Zweckbindung der allgemeinen Finanzierung öffentlicher Haushalte dienen (Abgabe wird zur Steuer) oder zweckgebunden (z.B. zur Altlastensanierung) eingesetzt oder im Wege einer Senkung anderer Steuern an den privaten Sektor zurückgeleitet werden.

Bei Zertifikatelösungen fließen demgegenüber Zahlungen im Rahmen von Markttransaktionen vom Anbieter von Rechten (Altemittent) zum Nachfrager von Rechten (Neuemittent). Werden die Rechte allerdings nicht kostenlos (und unbefristet) zugeteilt[36], dann entstehen auch staatliche Einnahmen bei der (Erst)ausgabe von Emissionsrechten. Erfolgt die Ausgabe z.B. im Wege der Versteigerung an den Meistbietenden, so fallen beim Staat entsprechende Versteigerungserlöse an.

b) Bewertung

Diese in ihren Grundzügen beschriebenen umweltpolitischen Eingriffsmöglichkeiten seien nun einer umweltpolitischen Bewertung hinsichtlich ihrer Eignung bei einfachen Umweltproblemen unterzogen. Dieser Bewertung wird ein von Endres vorgeschlagener (hier etwas erweiterter) Kriterienkatalog zugrundegelegt[37]. Zu untersuchen sind demnach jeweils:

- die ökonomische Effizienz,
- die dynamische Anreizwirkung,
- die ökologische Wirksamkeit ("Treffsicherheit"),
- die Wohlfahrtswirkung
- die Marktkonformität (ordnungspolitische Bewertung),
- die Struktur- und Wettbewerbswirkungen und
- die politische Durchsetzbarkeit

---

[36] Vgl. zu Fragen der zeitlichen Gültigkeit ausgegebener Verschmutzungsrechte Müller-Witt (1981), S. 377.

[37] Vgl. Endres (1985). Detailliertere Kriterienkataloge präsentieren z.B. Siebert (1987, S. 120ff.), und Wicke (1982, S. 243ff.).

der zuvor dargestellten Instrumente.

Dieser Kriterienkatalog liegt in Absachnitt II.B auch
der Bewertung umweltpolitischer Instrumente bei komplexen Umweltproblemen zugrunde und dient insofern
primär dem Vergleich der dargestellten umweltpolitischen Konzeptionen. Wegen der unterschiedlich
gelagerten Problematik kann völlige Überschneidungs-
freiheit der Kriterien nicht erwartet werden. Die
Reihenfolge der Untersuchung erlaubt auch keinen Rückschluß auf die Bedeutung einzelner Beurteilungs-
kriterien.

Ökonomische Effizienz

Die Kosten, die jeweils bei der Emissionsreduktion auf
einen vorgegebenen Zielwert anfallen, bestimmen die
Effizienz des zur Herbeiführung dieser Reduktion eingesetzten umweltpolitischen Instruments. Nur Instrumente,
die eine Emissionsreduktion zu minimalen Kosten ermöglichen, können als effizient gelten. Je billiger Emissionsreduktionen möglich sind, desto leichter lassen
sie sich politisch durchsetzen und desto ehrgeiziger
können Umweltziele formuliert werden[38]. Die ökonomische
Effizienz ist also ein wichtiges Kriterium zur Beurteilung umweltpolitischer Instrumente.

Die ökonomische Effizienz der jeweils induzierten
Emissionsreduktion läßt sich auf einzelbetrieblicher
Ebene und auf der Ebene der Gesamtheit aller vom
jeweiligen politischen Eingriff betroffenen Emittenten
(überbetriebliche Ebene) untersuchen[39].

Eine einzelne gewinnmaximierende Firma wird bei jeder
Entscheidung über die Reduktion von Emissionen nach dem
kostengünstigsten Reduktionsverfahren suchen. Nur

---

[38] Vgl. Bonus (1984a), S. 140, Endres (1985), S. 92ff.
[39] Vgl. Endres (1985), S. 51ff.

umweltpolitische Instrumente, die diese Suche "aktiv" behindern, verursachen betriebsinterne Ineffizienzen der Reduktion. So schreiben technologiespezifische Auflagen bestimmte Reduktionsverfahren vor, obwohl es unter Umständen kostengünstigere und trotzdem emissionsbezogen gleichwertige alternative Reduktionsverfahren gibt. Die dargestellten marktwirtschaftlichen umweltpolitischen Instrumente sind dagegen wegen ihres allgemeinen, gerade nicht technologiespezifischen Ansatzes mit keinen derartigen Ineffizienzen verbunden.

Auf überbetrieblicher Ebene ist besonders die koordinierte Erfassung verschiedener Emissionsquellen für die ökonomische Effizienz eines Instrumentes von Bedeutung.

Mit den einzelquellenbezogenen Auflagenlösungen wird eine "Interemittenteneffizienz" in der Regel nicht erreicht, da der Regulierungsbehörde, welche die Auflagen zu formulieren hat, die Informationen über die unterschiedlichen Reduktionskosten an einzelnen Emissionsquellen typischerweise nicht vorliegen. Somit kann eine Emissionsreduktion in der Reihenfolge aufsteigender Reduktionskosten nicht erzwungen werden. Die "Verteilung" der geplanten Gesamtemissionsreduktion einer Region auf einzelne Emissionsquellen muß "willkürlich" erfolgen.

Soll z.B. die Gesamtemission einer Region mit Hilfe einer Auflage, die für jede einzelne Emissionsquelle die Halbierung des Emissionsniveaus vorsieht, auf die Hälfte reduziert werden, so läßt sich die dabei resultierende Ineffizienz für den Fall zweier Emittenten erläutern, die ursprünglich die Mengen E_1 (E_2) emittieren und denen die in Abb.12a (12b) durch die Kurven GVK_1 (GVK_2) charakterisierten Möglichkeiten zur Emissionsreduktion zur Verfügung stehen[40]:

---

[40] Vgl. Endres (1985), S. 59.

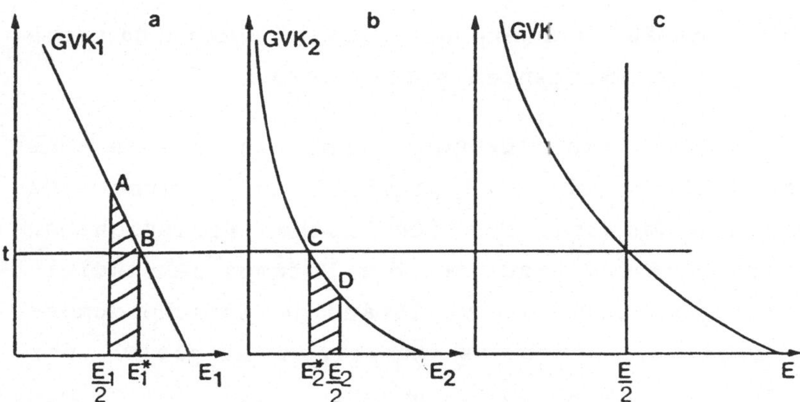

Abb.12: Effizienz der Emissionsreduktion

Die Reduktion der einzelquellenbezogenen Emissionen auf
$E_1/2$ bez. $E_2/2$ führt bei Emittent 1 (2) zu Grenzvermeidungskosten in der durch Punkt A (D) in Abb.12a
(12b) gekennzeichneten Höhe. Unternähme Emittent 2 mit
der zunächst flacheren GVK-Kurve eine weitergehende
Emissionsreduktion (E_2* statt $E_2/2$), Emittent 1 dagegen
eine geringere Emissionsreduktion (E_1* statt $E_1/2$), so
stiegen (fielen) die gesamten Reduktionskosten bei
Emittent 2 (1) in Abb. 12b (12a) um die unter dem
Kurvenabschnitt CD (AB) schraffierte Fläche. Die über
beide Emittenten aggregierten Gesamtkosten der Emissionsreduktion würden, wie ein entsprechender Flächenver-
gleich ergibt, bei einer solchen Umverteilung von
Emissionsreduktionsanstrengungen sinken. Schätzungen
deuten auf diesbezüglich bedeutende Kosteneinsparungs-
potentiale hin.[41] Die vorgeschlagene Auflagenlösung ist
also aufgrund der fehlenden Berücksichtigung
divergierender (Grenz)vermeidungskosten ineffizient.

Ähnliche Ineffizienzen der Emissionsreduktion bestehen,
wenn - aus Gründen der Verringerung des Verwaltungs-

---

[41] Vgl. die bei Bonus (1984a, S. 131ff.) und bei Endres
(1985, S. 58ff.) zitierte Literatur.

aufwandes - gemäß "Schwerpunktprinzip" vorrangig die wichtigen, großen Emittenten erfaßt werden.

Abgaben- und Zertifikatelösungen erreichen dagegen eine Emissionsreduktion zu geringstmöglichen Kosten. Da jeder einzelne Emittent mit identischen Preissignalen konfrontiert wird und bezüglich des Umfangs der individuellen Emissionsreduktion vollständige Entscheidungsfreiheit besitzt, kommt es zu einem Ausgleich der Grenzkosten der Emissionsvermeidung. Die Emissionen werden daraufhin in der Reihenfolge aufsteigender Grenzkosten reduziert.

An Abb.12 läßt sich diese Optimalitätseigenschaft für beide Lösungen zeigen. Ein Abgabensatz in der durch Ot gekennzeichneten Höhe führt bei Emittent 1 (2) nach Vergleich von Steuersatz und Grenzvermeidungskosten zu einer Emissionsreduktion auf $E_1{}^*$ ($E_2{}^*$), insgesamt also zu einer effizienten Halbierung der Gesamtemission E[42]. Die Ausgabe eines (regionalen) Kontingentes handelbarer Emissionsrechte in Höhe von E/2 (d.h. in Höhe der Hälfte der zuvor emittierten Schadstoffmenge) schafft einen regionalen Markt für Emissionsrechte. Das Angebot ist in Höhe des Kontingentes E/2 gegeben, die Nachfrage entspricht der über beide Emittenten aggregierten, in Abb.12c dargestellten Grenzvermeidungskostenkurve[43]. Im eingezeichneten Fall ergibt sich ein gleichgewichtiger Emissionsrechtepreis in Höhe von t[44]. Somit kommt es hier wie bei der Steuerlösung zu einer effizienten Halbierung des Emissionsniveaus.

---

[42] Es gilt $E_1{}^* + E_2{}^* = E_1/2 + E_2/2 = E/2$.

[43] Dies folgt aus der Tatsache, daß die Emittenten die freie Wahl zwischen Vermeidung von Emissionen und Kauf von Emissionsrechten haben.

[44] Strenggenommen ist hier der Faktornutzungspreis (die periodische "Miete") von Emissionsrechten gemeint und nicht deren (mit dem Abgabensatz nicht vergleichbarer) Faktorbestandspreis.

Das Effizienzargument läßt sich prinzipiell auch auf die Beurteilung des Vorschlags einer regionalen Differenzierung umweltpolitischer Instrumente[45] anwenden. Eine regionale Differenzierung führt auf nationaler Ebene zu ineffizienter Emissionsreduktion, wenn die Grenzvermeidungskosten interregional differieren[46]. Zudem ergeben sich Probleme der (regionalen) Verzerrung des Wettbewerbs.

Der Vorschlag regional differenzierter Umweltpolitik wird andererseits jedoch mit einer der Außenhandelstheorie entlehnten Argumentation (vgl. Abschnitt I.C.4.b) gerechtfertigt[47]. Wird die "Umweltreichlichkeit" als regionaler Standortfaktor interpretiert, dann sollten, so das Argument, Unterschiede in der Faktorausstattung auch in unterschiedlichen Faktorpreisen (z.B. unterschiedlichen Sätzen einer Emissionsabgabe) zum Ausdruck kommen, um Vorteile des "Außenhandels" zu realisieren. Dieses Argument gilt allerdings nur, solange Umweltprobleme eindeutig regionalen Charakter haben und übersieht m.E. die erheblichen Probleme bei der "richtigen" regionalen Differenzierung der Umweltpolitik. So erfordert eine rationale regionale Umweltpolitik z.B. die Kenntnis sämtlicher regionaler Umweltzustände und Umweltbewertungen.

Dynamische Anreizwirkung

Eine umfassende Beurteilung hat auch die Eignung umweltpolitischer Instrumente zur Förderung der Entwicklung umweltfreundlicher technischer Neuerungen (dy-

---

[45] Vgl. z.B. Siebert (1976), S. 80f., Cansier (1983), S. 772.

[46] Abb.12a (12b) könnte als Beschreibung der Möglichkeiten der Emissionsreduktion in Region a (b) interpretiert werden.

[47] Vgl. Siebert (1976), 80ff.

namische Anreizwirkung) zu berücksichtigen[48]. Die größte innovatorische "Schubkraft" wird demjenigen Instrument zugetraut, bei dem die Einführung umwelttechnischer Neuerungen die größte Gewinnsteigerung hervor-
ruft. Bei einer einmaligen umwelttechnischen Neuerung
läßt sich die dynamische Anreizwirkung umweltpolitischer Instrumente anhand von Abb.13 erläutern[49].

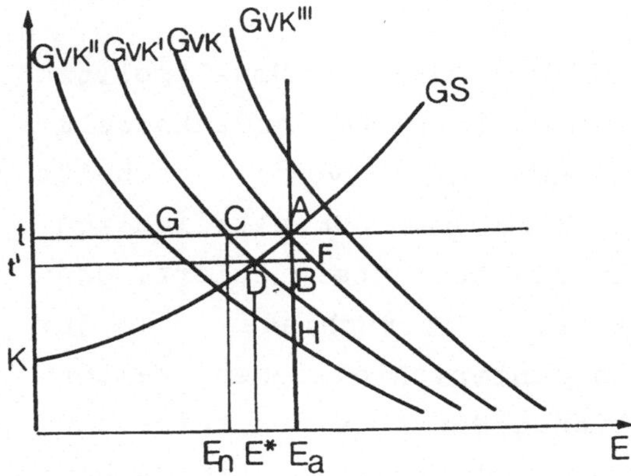

Abb.13: Dynamische Anreizwirkung

Abb.13 zeigt die Grenzvermeidungskosten eines innova-
tionswilligen Emittenten vor (GVK) und nach (GVK') der
Einführung einer umwelttechnischen Neuerung. Die
Neuerung bewirkt, daß Emissionsreduktionen einfacher
und somit billiger werden. Die GVK-Kurve verschiebt
sich nach unten[50]. Fortgesetzte Innovationen würden
eine stetige Verschiebung der GVK-Kurve nach unten (auf
GVK', GVK'' u.s.w.) bewirken.

---

[48] Faber, Niemes, Stephan (1983b, S. 79) stellen fest,
daß die Einführung neuer Verfahren die haupt-
sächliche Ursache für die beobachtbare Verringerung
der Schad- und Abfallemissionen ist und resümieren,
daß "bei umweltökonomischen Analysen die Annahme
einer zeitlich invarianten Produktions- und Entsorgungstechnologie ... kritisch ist".

[49] Vgl. Endres (1985, S. 72) und Downing, White (1986,
S. 21).

[50] Von anderen Einflußgrößen auf die Lage der GVK-
Kurven sei zunächst abstrahiert.

Die dynamischen Anreize seien für eine durch Punkt A gekennzeichnete emissionsbezogene Ausgangssituation zunächst auf einzelbetrieblicher Ebene verglichen. Die durch Wahl eines gemeinsamen Ausgangspunktes implizit getroffene Annahme, die betrachteten umweltpolitischen Instrumente seien symmetrisch hinsichtlich ihrer politischen Durchsetzbarkeit, ist bei der (später folgenden) Beurteilung der politischen Durchsetzbarkeit gesondert zu diskutieren.

Der einzelne Emittent nimmt bei einer **Abgaben-** oder **Zertifikatelösung** den Emissionspreis t als Datum hin[51]. Bezeichnet E (E') den (nicht eingezeichneten) Abszissenschnittpunkt der GVK- (GVK'-) Kurve, dann schafft die Existenz eines Emissionspreises einen durch die Fläche EE'AC gekennzeichneten Anreiz zur Einführung der Neuerung. Um EE'AB verbilligt sich die zuvor optimale Emissionsreduktion (auf E_a). Zusätzlich lohnt eine weitergehende Emissionsreduktion bis auf das Niveau E_n (Fläche ABC in Abb.13)[52].

Auflagenlösungen erzielen schwächere dynamische Wirkungen. Die mit der Emissionsreduktion verbundene Kosteneinsparung bezieht sich nur auf die Erfüllung der Auflage, nicht auf - von der Auflage nicht geforderte - weitergehende Reduktionen. In Abb.13 zeigt sich dieser Nachteil in Form eines um die Fläche ABC geringeren Gewinnanreizes.

---

[51] Abb.13 ist in diesem Fall mit Abb.12a (oder Abb.12b) kompatibel.

[52] Die Argumentation mit Gewinnflächen in Abb.13 abstrahiert von der zeitlichen Struktur der Zahlungsströme: Haben die Emissionsreduktionsmaßnahmen Investitionscharakter, so fallen Anschaffungskosten und laufende Kosten an (vgl. Cansier, 1983, S. 774ff.). Erst in späteren Perioden führt die Einsparung emissionsbedingter Zahlungen zu Einzahlungsüberschüssen, deren Gegenwartswert denjenigen der Kosten der Emissionsreduktionsmaßnahme um die in Abb.13 dargestellte Gewinnfläche übersteigt.

Die Innovationswirkung vieler praktisch umgesetzter Auflagenregelungen ist aufgrund regulierungstechnischer Details noch geringer. Sind die Auflagen beispielsweise technologiespezifisch formuliert (z.B. Zwang zur Katalysatortechnik), dann rentiert sich technischer Fortschritt nur innerhalb dieser technologischen Linie, da andere Techniken gar nicht zur Anwendung kommen dürfen. Vorschriften über die Einhaltung eines "Standes der Technik", welche technische Verbesserungen als künftig für alle neuen Anlagen verbindlich "festschreiben", bestrafen gar die Einführung neuer Technologien. Für Emittenten besteht dann der Anreiz, bereits genehmigte emissionsintensive Altanlagen (soweit nicht dem verschärften Stand der Technik unterworfen) länger in Betrieb zu halten[53]. Dieses dynamische Hemmnis erweist sich insbesondere im längerfristigen umweltpolitischen Vollzug. Die Genehmigungsbehörde befindet sich bei geplanter Fortschreibung des Standes der Technik in der Position, die "Machbarkeit" bestimmter Technologien zur Emissionsminderung beweisen zu müssen, ohne über das dazu erforderliche Spezialwissen zu verfügen, während die Anlagebetreiber diese Machbarkeit bestreiten ("Schweigekartell der Oberingenieure")[54]. In einer funktionierenden Wettbewerbswirtschaft dagegen sind es die Unternehmer, welche Innovationen (oft gegen Widerstände) durchsetzen[55].

Bei der Untersuchung dynamischer Gewinnanreize auf überbetrieblicher Ebene ist die Abb.13 neu zu interpre-

---

[53] Den Altanlagen fällt eine "Nichtregulierungsrente" zu. Vgl. Bonus (1984b), Maloney, McCormick (1982), Dudenhöffer (1984).

[54] Vgl. Bonus (1984b), Siebert (1982c und 1982d).

[55] Dudenhöffer (1984) zeigt demgegenüber, daß bei engen Standards auch Auflagensysteme zu einem technologischen Wettbewerb führen können, in dessen Verlauf der Stand der Technik unterboten wird. Freilich tritt dieses Resultat nur in Belastungsgebieten auf, in denen der "Immissionsdeckel" erreicht ist.

tieren. Die GVK-Kurve ist dann eine über alle betroffenen Emittenten aggregierte Kurve[56]. Interessant ist
hier insbesondere ein erneuter Vergleich der dynamischen Anreize von Zertifikate- und Abgabenlösungen.

Im Zuge der Diffusion einer umwelttechnischen Neuerung
verschiebt sich die aggregierte GVK-Kurve nach unten
(z.B. auf GVK'). Bei einem konstanten umweltpolitischen
Rahmen hat nun ein durch einen bestimmten Emissionspreis ausgelöster Innovationsschub unterschiedliche
Sekundärwirkungen.[57] Bei einer Zertifikatelösung
bewirkt diese "Erstinnovation" bei unverändertem
Kontingent E_a eine sinkende Emissionsnachfrage und
einen sinkenden Zertifikatepreis (Punkt B in Abb.13),
im Rahmen einer Abgabelösung lohnt bei konstantem
Abgabesatz t dagegen eine weitergehende Emissionsreduktion auf E_n (Punkt C in Abb.13). Die Gewinnanreize
für **weitergehende** Umweltinnovationen (Verlagerung der
GVK'-Kurve nach GVK'') sind somit bei der Abgabenlösung
höher als bei der Zertifikatelösung (Fläche GCBH in
Abb.13). Aufgrund der umweltpolitischen "Selbstbeschränkung" auf den Zielwert E_a hat die Zertifikatelösung demnach einen weitergehende Innovationen hemmen-

---

[56] Abb.13 geht hier aus Abb.12c hervor. Endres (1985)
umgeht die Unterscheidung zwischen einzelbetrieb-
lichen und überbetrieblichen dynamischen Anreizen,
indem er (mit Bezug auf die gleiche Abbildung)
einerseits von **einer** Verursacherfirma (S. 71), dann
von der repräsentativen Firma (S. 73) spricht.

[57] Tatsächlich ist allerdings eine "Verschärfung"
dieses Rahmens möglich. Bei der Zertifikatelösung
kann das bereitgestellte Kontingent verknappt werden
(z.B. durch "Abwertung" umlaufender Zertifikate -
vgl. Bonus, 1983, S. 37), analog ist eine Erhöhung
des Abgabensatzes denkbar. Implizit wird mit der
Annahme eines konstanten umweltpolitischen Rahmens
unterstellt, daß die genannten Verschärfungen
vergleichbar einfach möglich sind. Zur kritischen
Diskussion dieser impliziten Unterstellung sei
(wiederum) auf den Abschnitt zur politischen Durchsetzbarkeit umweltpolitischer Instrumente verwiesen.

den Effekt[58]. Ist (bei einfachen Umweltproblemen) der Standard E_a als Ziel akzeptiert, so ist die Induktion weitergehender Emissionsreduktion allerdings gar nicht unbedingt erwünscht. Dieser Aspekt wird in Abschnitt II.B erneut aufgegriffen.

Neben den Innovationen gibt es weitere Faktoren, die die Lage der GVK-Kurve beeinflussen. Steigt (sinkt) im regionalen Konjukturaufschwung (-abschwung) die Zahl der produzierenden Emittenten, dann steigen (sinken) die "geplanten" Gesamtemissionen, die aggregierte GVK-Kurve verschiebt sich auf GVK''' (GVK'). Auch die Preisentwicklung ist von Bedeutung: Inflation (Deflation) erhöht (senkt) die Kosten der Emissionsreduktion, die nicht "inflationsbereinigte" GVK-Kurve steigt auf GVK''' (sinkt auf GVK').

Diese Einflüsse auf die Vermeidungskosten und damit auf die Spürbarkeit umweltpolitischer Eingriffe sind insbesondere von Bedeutung, wenn sie eine innovationsbedingte Verschiebung der GVK-Kurve überkompensieren (wenn sich die GVK-Kurve also **trotz** Umweltinnovationen auf GVK''' verschiebt). In diesem Fall verkehrt sich nämlich die Beurteilung innovationsbezogener Sekundärwirkungen genau in ihr Gegenteil. Bezüglich der Zertifikatelösung wäre dann von einer eingebauten Wirkungssteigerung zu sprechen. Eine innovationsbezogene Präferenz für die Abgabenlösung unterstellt somit, daß die geschilderte Überkompensation der Wirkung umwelttechnischer Neuerungen unwahrscheinlich ist[59].

---

[58] Man kann hinsichtlich dauerhafter umwelttechnischer Dynamik somit von einer eingebauten Wirkungsminderung der Zertifikatelösung sprechen. Vgl. Walter, J. (1987b), S. 200.

[59] Diese Annahme ist angesichts niedergehender Schornsteinindustrien und verhaltener Preisentwicklung zwar nicht unrealistisch, gleichwohl aber Spekulation.

Insgesamt zeigt obige Argumentation, daß die Aufwertung des Kriteriums der dynamischen Anreizwirkung mit rückläufigem Interesse an der "optimalen" Höhe des Emissionspreises korrellieren kann (vgl. auch Teil II.B).

Bislang wurde für exogen gegebene Innovationen argumentiert. Alternativ könnte auch nach dem umweltpolitischen "Preispfad" mit der längerfristig stärksten dynamischen Anreizwirkung gefragt werden. Hierzu gehören Fragen nach der dynamisch günstigsten zeitlichen Variation der Umweltpreise. Der genaue Zusammenhang zwischen Emissionspreis und (innovationsbedingter) Verschiebung der GVK-Kurve ist allerdings unklar. Bewirkt z.B. ein steigender Abgabensatz eine höhere emissionsreduzierende Innovationsrate ("Not macht erfinderisch") oder werden wegen Geldmangel F&E-Aufwendungen gedrosselt? Die Informationsprobleme bei der Ermittlung eines aus dynamischer Anreizperspektive optimalen Emissionspreispfades sind prohibitiv. Weitergehende Aussagen über die zeitliche Ausgestaltung (z.B. Flexibilität) der Emissionspreise erfordern zudem eine detailliertere Analyse umwelttechnischer Dynamik und sprengen somit den Rahmen der hier zu diskutierenden Konzeption zur Bewältigung einfacher Umweltprobleme[60].

Ökologische Wirksamkeit (Treffsicherheit)

Mit ökologischer Treffsicherheit eines umweltpolitischen Instruments bezeichnet Endres (1985, S. 85) des-

---

[60] Weitere Aspekte einer dynamisch günstigen Gestaltung von Umweltpreisen liefert die Theorie induzierter Innovationen im Zusammenhang mit der Frage nach der optimalen Forschungsrichtung (vgl. Abschnitt I.C). Soll die Gesamtemission in einer wachsenden Wirtschaft stabilisiert werden (Bewegung von Punkt A nach Y in Abb.11), so muß der Emissionspreis bei steigenden übrigen Faktorpreisen ebenfalls steigen (d.h. nach oben flexibel sein). Die dynamische Wirkung des Emissionspreises hängt also auch vom Verhältnis der "Umweltkosten" zu den Produktionsgesamtkosten ab. Vgl. McCain (1978), S. 544.

sen Eignung, einen vorgegebenen Emissionszielwert sicher zu realisieren[61,62].

Verläßlichkeit und Schnelligkeit der Wirkung wird vielfach als Hauptvorteil von **Auflagenlösungen** angesehen[63]. Ist die Befolgung umweltpolitischer Ge- und Verbote gesichert, so kann eine über das Emissionsziel hinausgehende Emissionsmenge schlicht verboten (beziehungsweise die entsprechende Reduzierung geboten) werden[64].

Mit **Zertifikatelösungen** läßt sich ebenfalls eine hohe ökologische Treffsicherheit erzielen, da durch die Wahl des bereitgestellten Kontingentes an Emissionsrechten das regionale Emissionsvolumen eindeutig bestimmt ist.

Mit **Abgaben** läßt sich demgegenüber kein Emissionszielwert sicher und dauerhaft realisieren[65]. In diesem Zusammenhang wird insbesondere befürchtet, daß Abgabensätze im politischen Prozeß zu niedrig angesetzt werden und später nicht mehr korrigiert werden, daß somit

---

[61] Meistens ist damit die Realisation eines zeitlich stabilen Emissionsgrenzwertes gemeint. So stellt Endres (1985, S. 14) aus Praktikabilitätsgründen einen Ansatz in den Vordergrund der Betrachtung, "bei dem die wirtschaftspolitischen Maßnahmen das bescheidene Ziel haben, die im Marktsystem verursachten externen Effekte auf ein politisch vorgegebenes ... Niveau zu senken." Bonus (1981, S. 61) spricht in diesem Zusammenhang vom "Festschreiben" gesamtwirtschaftlicher Emissionsnormen.

[62] Die folgenden Ausführungen abstrahieren von Kontrollproblemen hinsichtlich der Befolgung umweltpolitischer Vorschriften.

[63] Vgl. Wicke (1984), S. 76.

[64] Auflagen, die sich nicht auf das Emissionsvolumen, sondern auf die Schadstoffkonzentration in Abluft bzw. Abwasser beziehen, garantieren dagegen keine ökologische Treffsicherheit. Hier kann die Wirkung der Auflage durch Verdünnung der Schadstofffracht in anwachsenden Abluft(abwasser)strömen unterlaufen werden. Vgl. Hartje, Lurie (1985), S. 25.

[65] Vgl. Bonus (1981b), S. 142, (1983), S. 33 und (1985), S. 33, und Cansier (1983), S. 770ff.

dauerhaft ein zu hohes Emissionsniveau toleriert wird.[66] Das regionale Emissionsniveau hängt zudem von der Spürbarkeit der Abgabe ab. Möglicherweise steigt bei starkem Wirtschaftswachstum und hoher Inflation trotz nominal konstantem Abgabensatz die regionale Gesamtemission. Auch der zur Heilung dieses Defektes vorgeschlagene Standard-Preis-Ansatz (s.o.) garantiert wegen Reaktionsverzögerungen und möglicher zeitlicher Instabilitäten im Verlauf des erläuterten trial-and-error-Verfahrens keine ökologische Treffsicherheit.

Die Bedeutung des Kriteriums der ökologischen Treffsicherheit (und insbesondere die Bedeutung der den Auflagenlösungen konzedierten Überlegenheit hinsichtlich der Wirkungssicherheit) ist mit Blick auf mögliche Ziel-Mittel-Interdependenzen (je billiger das aktuelle Emissionsziel erreicht wird, desto anspruchsvoller können künftige Zielwerte angesetzt werden) zu relativieren[67]. Damit verliert das zugunsten von Zertifikatelösungen vorgebrachte Argument, im Rahmen von Preislösungen könne nur ein flexibler Emissionspreis die exakte Einhaltung eines vorgegebenen Emissionszielwertes garantieren[68], an Relevanz. Ein flexibler Emissionspreis spiegelt zudem die Knappheit vorhandener Umweltbestände nur dann korrekt wieder, wenn der zugrundeliegende Standard (das Kontingent) richtig gewählt ist. Änderungen der Umweltfaktorbestände erfordern genau justierte Anpassungen der Standards, was jedoch aufgrund der Trägheit politischer Prozesse utopisch erscheint. Von ökologischer "Korrektheit"

---

[66] Die während der langjährigen Implementierunsphase des Abwasserabgabengesetzes mehrfach vorgenommene Senkung des angestrebten Steuersatzes illustriert diese Argumentation. Vgl. Bonus (1984a) und Siebert (1986).

[67] Hinzu kommen Aspekte des Zeitbedarfs der Anpassung (z.B. unbekanntes Tempo der Ausmusterung alter emissionsintensiver, aber nicht regulierter Anlagen).

[68] Vgl. z.B. Bonus (1983), S. 33.

flexibler Zertifikatekurse kann mithin in der Regel nicht gesprochen werden.

Wohlfahrtswirkung

Eine weitergehende Frage zur Beurteilung umweltpolitischer Instrumente bezieht sich darauf, inwieweit eine in einem Wohlfahrtskalkül als optimal ermittelte Emissionsreduktion (vgl. Abschnitt I.B) induziert werden kann. Hier geht es also um die "wohlfahrtsbezogene Treffsicherheit" der dargestellten Instrumente.

Bei dieser Untersuchung ist die genaue Kenntnis der emissionsbezogenen Grenzschadenskurve (GS in Abb.13) erforderlich. Diese (zusätzliche) starke Informationsannahme schränkt die Bedeutung des Beurteilungskriteriums der Wohlfahrtswirkung stark ein. Die beschriebenen politischen Eingriffe berücksichtigen die GS-Kurve stets nur näherungsweise.

Ausgehend von Punkt A (Abb.13) übersteigt bei einer **Abgabenlösung** mit konstantem "Grenzsteuersatz" die den Emittenten auferlegte Steuerlast den von ihnen verursachten totalen Schaden um die Fläche AKt. Die einfache Steuerlösung "überschätzt" also den angerichteten Schaden. Statt der wahren GS-Kurve werden Schäden gemäß der Kurve tA unterstellt.[69] Wohlfahrtsbezogene Treffsicherheit liegt also nicht vor.

---

[69] Vgl. Collinge, Oates (1982), S. 346ff. Vermeiden ließe sich eine derartige Fehleinschätzung z.B. durch kompliziertere (progressive) Steuertarife, deren Identifikation in der Praxis allerdings an Informationsproblemen bei der Ermittlung des Grenzschadens scheitern dürfte. Auch die von Collinge und Oates vorgeschlagene modifizierte Zertifikatelösung, bei der der Zertifikatepreis in Abhängigkeit von der Zahl bereits genutzter Zertifikate mit dem gemäß der GS-Kurve steigenden Grenzschaden variiert, wird wohl in der praktischen Anwendung an Informationsproblemen scheitern.

Auch durch die Vorgabe eines Emissionsstandards wird der tatsächlich angerichtete Schaden nicht richtig erfaßt. Vielmehr wird eine Art ökologischer Schwellenwert unterstellt, unterhalb dessen Schäden vernachlässigbar sind und bei dessen Überschreiten die Schäden plötzlich unendlich groß werden. Die wahre GS-Kurve wird gleichsam durch die über E_a senkrecht aufsteigende Gerade angenähert. Durch die Vorgabe starrer Emissionsstandards wird somit keine wohlfahrtsbezogene Treffsicherheit erzielt[70]. Auch die Idee von McGartland und Oates, in jeder Region das Minimum von geplantem Emissionsstandard und tatsächlich vorgefundener Ausgangsbelastung zur Grundlage einer Zertifikatelösung zu machen[71], überwindet die grundsätzlichen Informationsprobleme hinsichtlich der Lage der GS-Kurve nicht.

Zusätzlich erschwert das Principal-agent-problem der weisungsberechtigten umweltpolitischen Instanz (Prinzipal) gegenüber den weisungsgebundenen, aber im Eigeninteresse und mit Informationsvorsprung bezüglich der Höhe der Vermeidungskosten handelnden Emittenten (Agenten) die Realisierung einer wohlfahrtsoptimalen Umweltanpassung. Kwerel argumentiert[72], daß bei geplanter Kontingentierung die Emittenten die Grenzvermeidungskosten übertreiben werden, um ein möglichst großzügiges Kontingent zu erhalten[73], während bei geplanter Abgabenlösung unrealistisch niedrige Grenzvermeidungs-

---

[70] Die implizit mit der Vorgabe von Standards verbundene Annahme gegebener natürlicher Absorptionskräfte ist ohnehin unrealistisch (vgl. Abschnitt I.B.2).

[71] Vgl. McGartland, Oates (1985), S. 208ff.

[72] Vgl. Kwerel (1976), S. 596f.

[73] Werden Grenzvermeidungskosten in Höhe von GVK (statt richtig GVK') behauptet (vgl. Abb.13), so stellt die Behörde, um das Wohlfahrtsoptimum A zu realisieren, ein Kontingent in Höhe von E_a bereit. Daraufhin kommt Punkt B zustande. Die Ausgabe des Emissionskontingentes E* hätte demgegenüber jedoch die Realisierung des (superioren) Punktes D ermöglicht.

kosten angegeben werden, da die Behörde dann einen niedrigeren Abgabesatz für den sozial optimalen hält[74]. Kwerels Idee, durch eine "gemischte Lösung" die Anreize zu fehlerhafter Angabe von Grenzvermeidungskosten gerade auszugleichen, garantiert bei Unsicherheit über die wahre Grenzschadenskurve allerdings auch keine wohlfahrtsbezogene Treffsicherheit.

Downing und White untersuchen die wohlfahrtsbezogene Treffsicherheit auch für den Fall umwelttechnischer Dynamik[75]. Kennzeichnet GS in Abb.13 die emissionsbezogene Grenzschadensfunktion, so wäre zur Durchsetzung einer Innovation, welche die GVK-Kurve auf GVK' verschiebt und zugleich Investitionskosten in Höhe der Fläche EE'AD verursacht, ein Innovationsanreiz optimal, der ebenfalls der Fläche EE'AD entspricht[76]. Der bei **Abgabenlösungen** für den einzelnen Emittenten entstehende Innovationsanreiz ist dagegen in Höhe der Fläche ACD "zu hoch", es wird "zu wenig" emittiert (E_n statt $E*$), derjenige einer **Auflagenlösung** um ABD "zu niedrig", es wird "zu viel" emittiert (E_a statt $E*$). Der Innovationsanreiz einer **Zertifikatelösung** entspricht auf einzelbetrieblicher Ebene wiederum dem der Abgabenlösung (der einzelne Emittent sieht bei vollständiger Konkurrenz auf dem Zertifikatemarkt den Preis als Datum an), auf der aggregierten Ebene jedoch demjenigen einer Auflagenlösung.

---

[74] Wird GVK' (statt GVK) behauptet (vgl. Abb.13), so glaubt die Behörde, mit der Wahl des Steuersatzes t' das Optimum D erreichen zu können. Tatsächlich resultiert der für die Emittenten günstigere, insgesamt jedoch schlechtere Zustand J, der zudem schlechter ist als das erreichbare Optimum A.

[75] Vgl. Downing, White (1986).

[76] Die Forschungsanstrengungen sind im Optimum gerade soweit auszudehnen, bis diese Gleichheit von Kosten und Erträgen einer zusätzlichen Innovation eintritt.

Unterschiedliche von Downing und White diskutierte Verfahren, durch die auch bei technologischer Dynamik in einem Zusammenspiel zwischen Behörde und Emittenten näherungsweise wohlfahrtsbezogene Treffsicherheit erzielt werden kann (Senkung des Steuersatzes und/oder Verengung des Kontingentes als Folge einer innovationsbedingten Verschiebung der GVK-Kurve), erfordern zur Sicherstellung "dynamischer wohlfahrtsbezogener Treffsicherheit" freilich wiederum die (nicht vorhandene) Kenntnis der GS-Kurve. Die Untersuchung der dynamischen wohlfahrtsbezogenen Treffsicherheit umweltpolitischer Instrumente beruht zudem auf einer "quasistatischen" Argumentation für eine einzelne (und in ihrer Wirkung auf die GVK-Kurve bekannte!) Neuerung. Bei voller Berücksichtigung dynamischer Anreize (einschließlich der innovationsbezogenen Sekundäreffekte bei weitergehender Verschiebung der GVK-Kurve) ginge es demgegenüber um die Induktion möglichst vieler umweltbezogener Innovationen[77]. Dazu wären möglicherweise andere (dynamisch günstige) Abgabensätze (Standards) zu wählen.

Struktur- und Wettbewerbseffekte

Struktur- und wettbewerbspolitische Nebenwirkungen des Einsatzes umweltpolitischer Instrumente können von großer praktischer Bedeutung sein und sind daher im Vorfeld der politischen Umsetzung zu beachten. Insgesamt ist keines der diskutierten Instrumente völlig frei von (möglicherweise unerwünschten) strukturpolitischen Nebenwirkungen.

Bei ungeschickter Ausgestaltung haben insbesondere einzelquellenbezogene **Auflagen** eine strukturkonservie-

---

[77] M.E. zeigen die Ausführungen bei Downing und White, daß umweltpolitische Maßnahmen sinnvollerweise **entweder** im statischen Kontext auf ihre Wohlfahrtswirkung **oder** auf ihre dynamischen Wirkungen untersucht werden können, daß aber **die** simultane Betrachtung beider Aspekte unsinnig ist.

rende und konzentrationsfördernde, also wettbewerbshem-
mende Wirkung. Werden z.B. bei Erreichen eines regionalen "Immissionsdeckels" in einem "Belastungsgebiet"
keine neuen emittierenden Anlagen mehr genehmigt (§5
BImSchG), so wird damit eine vollständige Eintrittsbar-
riere errichtet. Die alteingesessenen Emittenten dieser
Region werden so vor jeglicher neuer Konkurrenz
geschützt, die regionale Wirtschaftsstruktur wird
"zementiert". Meist geht es dabei zudem um den Schutz
veralteter, emissionsintensiver Anlagen vor dem Wettbewerb mit technologisch moderneren und emissions-
ärmeren Anlagen.

Konzentrationsfördernde Wirkungen von Auflagenlösungen
treten möglicherweise auch im umweltpolitischen Vollzug
auf. So kommt eventuelle behördliche Kompromißbereit-
schaft hinsichtlich der Einhaltung der Auflagen meist
überwiegend großen und verhandlungsmächtigen Emittenten
mit guten politischen Beziehungen zugute[78].

Bei der "anonymen" Erhebung von **Abgaben** mit linearem
Tarif verzerren weder strukturelle, noch betriebs-
größenspezifische Diskriminierungen den Wettbewerb[79].
Geraten ertragsschwache Grenzanbieter durch die
zusätzlich auferlegten Umweltkosten in die Verlustzone
und müssen die Produktion (und damit die Emission)
einstellen, so ist dies als umweltpolitisch erwünschte
Diskriminierung anzusehen. Problematisch ist allerdings
die Festsetzung der Abgabensätze im politischen Prozeß.
Es ist zu befürchten, daß mächtige Gruppen großer

---

[78] Vgl. Bonus (1981a). Entscheidend ist insbesondere
das bei großen Emittenten höhere Drohpotential hinsichtlich möglicher Verluste von Arbeitsplätzen und
Steueraufkommen.

[79] Hängt der Tarif dagegen von der jeweiligen Emissionsmenge ab, so resultieren betriebsgrößenspezi-
fische (bei progressiven Tarifen ökologisch u.U.
erwünschte) Wettbewerbsverzerrungen. Fragen differenzierter Tarife werden bei Huter, Lahl, Zeschmar
(1985) diskutiert.

Emittenten in vorgelagerten Verhandlungen eine für sie günstige Belastungs"struktur" mit selektiven und unerwünschten Wettbewerbsvorteilen erreichen können[80].

Strittig ist insbesondere auch die struktur- und wettbewerbspolitische Beurteilung der **Zertifikatelösung**.

Einerseits wird die Funktionsfähigkeit regionaler Zertifikatemärkte wegen deren enger regionaler Ausdehnung bezweifelt. Die Abgrenzung der Regionen, für die das jeweilige Kontingent gilt, ist aufgrund der ökologischen Verflochtenheit von Teilräumen problematisch[81]. Angesichts der freien Transferierbarkeit von Emissionsrechten wird andererseits die Gefahr monopolistischen Mißbrauchs gesehen. So könnte z.B. ein finanzkräftiges Unternehmen zur Schwächung der auf den Absatz- und/oder Beschaffungsmärkten gefährlichen Konkurrenz alle Rechte "aufkaufen"[82]. Die Stichhaltigkeit dieser Befürchtung ist jedoch unklar. Erstens zu fragen, ob derartige Manöver nicht besser direkt auf den umkämpften Märkten erfolgen. So hält Bonus (1981a, S. 113f.) z.B. den Versuch, einen auf dem Absatzmarkt konkurrierenden Anbieter auf dem "Nebenkriegsschauplatz" des Emissionsrechtemarktes in die Knie zu zwingen, für teurer als die Anwendung von Marktmacht direkt auf dem Absatzmarkt. Zweitens sind institutionelle Vorkehrungen zur Verhinderung solcher Manöver denkbar. So kann eine Um-

---

[80] Vgl. Bonus (1981a), S. 111.

[81] Zu Problemen der Auswahl geeigneter Regionen vgl. Tietenberg (1980) und Müller-Witt (1981), S. 372ff. Bei zu großen Regionen besteht die Gefahr der Bildung emissionsbezogener "Hot-spots", die Auswahl zu kleiner Regionen beeinträchtigt die Handelbarkeit von Rechten.

[82] Vgl. Siebert (1976), S. 78. Andere denkbare Manöver sind die Bildung von Kartellen von Emissionsrechtenachfragern, um den Preis künstlich zu drücken oder spekulative Transaktionen am Emissionsrechtemarkt, um finanzielle Vorteile aus vermuteten Schwankungen des Zertifikatepreises zu erzielen (vgl. Endres, 1985, S. 78ff.).

weltbank mit strategischer Reserve an Emissionsrechten und Verpflichtung zur Stabilisierung der Zertifikatekurse innerhalb gewisser Bandbreiten eingerichtet werden; ferner können die Zuteilungsmechanismen von Emissionsrechten "mittelstandsfreundlich" ausgestaltet werden, schließlich kann der Gefahr von Monopolisierungstendenzen auf Emissionsrechtemärkten durch Kombination von Zertifikatelösungen mit Elementen von Auflage- und Abgabenlösungen begegnet werden[83].

Ordnungspolitische Beurteilung

Die Dringlichkeit umweltpolitischer Maßnahmen entbindet den Umweltpolitiker nicht von der Aufgabe, die ordnungspolitischen Konsequenzen der vorgeschlagenen Umweltpolitik zu prüfen. Instrumente, die als Fremdkörper in einer marktwirtschaftlich organisierten Volkswirtschaft deren Effizienz mindern, sind selbst bei umweltpolitischer Eignung kritisch zu beurteilen. Keines der diskutierten Instrumente ist ordnungspolitisch völlig unbedenklich.

Durch **Auflagen** wird die Steuerungs- und Kontrollfunktion des Marktes durch polizeirechtliche Eingriffe in die Gewerbe- und Vertragsfreiheit ersetzt. Auflagen sind daher ordnungspolitisch wenig attraktiv.

Bei **Abgabenlösungen** entstehen zunächst zusätzliche Staatseinnahmen, die den Anteil des Staates am Wirtschaftskreislauf erhöhen. Eine ordnungspolitisch begründete Forderung besteht dann darin, diesen zusätzlichen Staatseinnahmen kompensatorische staatliche Einnahmeverzichte (Steuersenkungen) gegenüberzustellen, um einem steigenden Staatsanteil zu begegnen[84]. Ein

---

[83] Vgl. Bonus (1981a), S. 117ff.

[84] So z.B. der Vorschlag, die bislang hauptsächlich lohnbezogene Finanzierung sozialer Leistungen schrittweise durch eine umweltbezogene Finanzierung

steigender Staatsanteil ist demgegenüber nur zu rechtfertigen, wenn offensichtlich ist, daß im Zuge der
Umweltproblematik neue "geborene" Staatsaufgaben entstehen, deren Erledigung gemäß Gemeinlastprinzip von
der Allgemeinheit zu finanzieren ist[85].

Ordnungspolitische Unbedenklichkeit ist auch den
Zertifikatelösungen nicht zu bescheinigen. Werden
Umweltnutzungsrechte im Prozeß der Erstzuteilung nur an
Emittenten (also an die Verursacher von Umweltschäden),
nicht aber an potentiell "Emissionsgeschädigte" ver-
geben[86], so geben die auf dem Zertifikatemarkt
herrschenden Preise für Emissionsrechte (wegen der
Einkommensabhängigkeit der Zertifikatenachfrage) nicht
unbedingt deren wahre Knappheit wieder[87]. Zudem wird
die Menge insgesamt zulässiger Emissionen einseitig -
z.B. auf der Basis behördlich erstellter Kosten-Nutzen-
Analysen, jedenfalls nicht in einem dezentralen (markt-
lichen) Abstimmungsmechanismus - festgelegt. Insofern
scheint der Vorschlag, die Bestimmung der zulässigen
Emissionsmenge den Naturwissenschaftlern zu überlassen
(vgl. Abschnitt I.C.3), eher ein angesichts dieses
Konstruktionsmangels notwendiger Kunstgriff zu sein als
auf dem Zutrauen in die Urteilskraft von
Naturwissenschaftlern zu beruhen.

---

zu ersetzen. Vgl. für eine Diskussion dieses Vorschlags Gretschmann, Voelzkow (1986).

[85] Daß dies insbesondere bei der Bewältigung komplexer
Umweltprobleme der Fall sein kann, zeigen die in
Abschnitt II.B folgenden Ausführungen.

[86] Diese könnten ihre "Zuteilung" (als materielle
Entschädigung) verkaufen oder (mit positiver Umweltwirkung) zurückhalten. Letzteres ist allerdings bei
individueller Rationalität und kleinen Zuteilungs-
mengen nur von Umweltverbänden zu erwarten.

[87] Vgl. Weimann (1987), S. 327ff., und Wegehenkel
(1981a), S. 114ff.

Politische Durchsetzbarkeit

Da nicht ideale (utopische), sondern reale umweltpolitische Instrumente zu beurteilen sind, ist die faktische Durchsetzbarkeit umweltpolitischer Instrumente ein zentrales Beurteilungskriterium. Alle Vorzüge eines umweltpolitischen Instrumentes sind entwertet, wenn nur wenig Chancen auf dessen politische Umsetzung bestehen.

Die - trotz angedeuteter Mängel - hohe Verbreitung von **Auflagenlösungen** in der umweltpolitischen Praxis deutet auf deren politische "Stromlinienförmigkeit" hin. Eine Präferenz für direkte Regulierung durch individuelle Auflagen kann tatsächlich aus dem Zusammenspiel der Interessen von Produzenten, "Umweltbürokratie" und Öffentlichkeit erklärt werden[88].

So liegt wegen der Tolerierung von Restemissionen und aufgrund unterschiedlicher Behandlung von Alt- und Neuanlagen z.B. die Beibehaltung der jetzigen Luftreinhaltepolitik im Interesse alteingesessener und politisch einflußreicher Produzenten (ihnen wird de facto ein Bestandsschutz gewährt). Großemittenten sind zudem am Erhalt der besonderen Verhandlungsmöglichkeiten mit regionalen Umweltbehörden interessiert, die bei Anwendung marktwirtschaftlicher Instrumente wegen deren größerer Transparenz eventuell verloren gingen.

Abgabe- und **Zertifikatelösungen** treffen demgegenüber alle Emittenten gleichermaßen und erfassen auch die nicht vermiedenen Restemissionen. Die Einführung einer Abgaben- oder Zertifikatelösung bewirkt insgesamt zwar kostengünstigen Umweltschutz (s.o.), ist jedoch für einzelne Emittenten wegen der mit den nicht vermiedenen Restemissionen verbundenen (Opportunitäts)kosten oft erheblich teurer als eine Auflagenlösung mit gleicher

---

[88] Vgl. Bonus (1986a), Maloney, McCormick (1982), v. Weizsäcker (1982).

Emissionsmengenwirkung[89]. Im Vorfeld der politischen Umsetzung bestehen auch bei Abgaben- und Zertifikatelösungen Möglichkeiten zur Einflußnahme. So kann bei geplanten Zertifikatelösungen, insbesondere wenn die Erstausgabe der Rechte vorrangig an die Betreiber bereits genehmigter Anlagen erfolgen soll, politischer Druck auf die Behörden ausgeübt werden, ein großes Kontingent bereitzustellen. Auch Abgabensätze können mit Verweis auf angeblich unerträgliche finanzielle Doppelbelastung (Leistung der Abgabe plus Vermeidung der Emissionen) wirksam gedrosselt werden.[90] Wegen der Transparenz dieser Lösungen sind allerdings solche Verhandlungsspielräume höchstens im Vorfeld, nicht aber im umweltpolitischen Vollzug gegeben.

Strittig ist die Frage, ob bezüglich der politischen Durchsetzbarkeit eine Asymmetrie zwischen Abgaben- und Zertifikatelösungen besteht. Bei einem Informationsvorsprung der Emittenten gegenüber den Behörden hinsichtlich des wahren Verlaufs der GVK-Kurve kann möglicherweise, da Emissionsmengenstandards mit ökologischen Argumenten im Vergleich zu Abgabesätzen relativ kostenunabhängig begründet werden können, der politische Rahmen "auf der Mengenseite" strenger gewählt und leichter verschärft werden als "auf der Preisseite". Dann wäre in Abb.13 beispielsweise die Realisierung des Punktes F durch eine Abgabenlösung und die Realisierung des Punktes A durch eine Zertifikatelösung mit vergleichbaren politischen Widerständen verbunden. In diesem Fall wäre allerdings **im Vorfeld** der Einführung einer Zertifikatelösung mit um so stärkerem Widerstand zu rechnen.

---

[89] Vgl. Endres (1985), S. 102.

[90] Allerdings kann jede Firma, "die in der Lage ist, die Emissionssteuer zu zahlen, ... auch ein neues Verfahren zur Emissionsreduktion ... kaufen, solange dies billiger ist als die Steuer" (Endres, 1985, S. 69).

So wurde die als Vorstufe einer Zertifikatelösung interpretierbare Kompensationslösung in der TA-Luft von 1986, wonach von einer nachträglichen Anordnung zur Nachrüstung einer Altanlage abgesehen werden kann, wenn zum Ausgleich die Emissionen an einer benachbarten Anlage in einem weitergehenden Umfang reduziert werden, als dies durch ordnungsrechtliche Maßnahmen (der TA-Luft) erreichbar wäre, im politischen Prozeß so restriktiv ausgestaltet, daß bis Mai 1988 noch kein konkreter Kompensationsfall vorlag.[91] Die "Kompensationskandidaten" müssen der zuständigen Behörde innerhalb eines Jahres detaillierte Sanierungspläne vorlegen; eine Kompensation ist nur bezüglich jeweils identischer Schadstoffe und nur zwischen benachbarten Anlagen möglich, wobei der Begriff der Nachbarschaft sehr eng ausgelegt wird (je nach Schornsteinhöhe etwa bis zu 1km Entfernung); die Regelung ist nur für den Übergangszeitraum von acht Jahren bis zum geplanten Abschluß aller Sanierungen vorgesehen; nur "technische Maßnahmen", nicht aber z.B. die Stillegung von Anlagen sind kompensationsfähig; Dynamisierungsklauseln bezüglich der Standards erschweren die Definition "überschüssiger Emissionsreduktionen". M.E. ist daher die in Abb.13 durch Wahl des Ausgangspunktes A ausgedrückte Annahme symmetrischer politischer Umsetzbarkeit von Abgabe- und Zertifikatelösung nicht ganz unrealistisch.

Die Vollzugswirksamkeit umweltpolitischer Instrumente hängt in der Praxis auch entscheidend von der "Durchsetzung" der Vorschriften mit unbestimmten Rechtsbegriffen (z.B. "Stand der Technik" und "wirtschaftliche Vertretbarkeit" in §§ 5 und 17 BImSchG) und der Berücksichtigung "beteiligter Kreise" (nach §51 BImSchG u.a.: Vertreter der beteiligten Wirtschaft) bei deren Auslegung ab. Die diesbezüglich großen Spielräume bestehender Auflagenlösungen erklären einen Teil des

---

[91] Vgl. dazu Fuchs (1988), S. 26.

Widerstands gegen die Einführung von Abgabe- und Zertifikatelösungen im Umweltschutz.

In der betroffenen Öffentlichkeit herrscht der (berechtigte) Eindruck, es werde zu wenig für den Umweltschutz getan. Während jedoch gegen die Einführung marktwirtschaftlicher Instrumente emotionale Barrieren existieren[92], ist die Verschärfung von Auflagen und die Regulierung weiterer Wirtschaftsbereiche populär, so daß wiederwahlorientierte Politiker zwar mehr für den Umweltschutz tun wollen, jedoch nicht ohne weiteres zur Aufgabe des bisherigen Regulierungssystems bereit sind.

Auch die mit dem Vollzug der Umweltregulierung beauftragte staatliche Bürokratie hat ein Interesse an umfassender, detaillierter Regulierung, da dann ihre Kompetenz und Zuständigkeit besonders gefragt ist. Die Anwendung marktwirtschaftlicher Instrumente im Umweltschutz führt dagegen möglicherweise zu einem Funktionsschwund der Bürokraten.

Alle genannten Interessen sind somit auf den Erhalt des starren Regulierungssystems gerichtet.

Bessere Chancen auf politische Umsetzung haben möglicherweise umweltpolitische Alternativen zur Auflagenlösung, wenn sie "im Gewand" einer erweiterten Auflagenlösung als zusätzliche Option eingeführt werden[93]. Dies zeigen die amerikanischen Erfahrungen mit Systemen flexibler Auflagen, die die zuvor gültige Umweltregulierung nicht ersetzten, sondern ergänzten[94]. Die "Übertragbarkeit" flexibler Auflagen kann dabei innerhalb einer Gruppe von Anlagen, über die eine imaginäre Glocke (bubble) gestülpt ist, zwischen Neuansiedler und

---

[92] Vgl. Bonus (1986a).

[93] Vgl. Wicke (1984), S. 82, Müller-Witt (1981), S. 383ff.

[94] Vgl. Bonus (1984b), Wicke (1984).

vormaligem Emittenten in einer hochbelasteten Region (offset), innerhalb eines Betriebes zwischen unterschiedlichen Aggregaten (netting) oder über die Zeit mittels Zu- oder Abbuchungen auf einem emissionsbezogenen Guthabenkonto bei einer Umweltbank (banking) erfolgen. Allerdings zeigen obige Ausführungen zur Kompensationslösung für Altanlagen gemäß TA-Luft, daß auch Auflagen, die sich "nur" gegen Gruppen von Anlagen richten, nicht problemlos implementierbar sind.

Fazit

Im Rahmen der Bewältigung einfacher Umweltprobleme sind umweltpolitische Instrumente vorrangig hinsichtlich Allokationseffizienz, dynamischer Anreizwirkung und politischer Durchsetzbarkeit zu beurteilen. Vorstehende Ausführungen zum Vergleich von Auflagen-, Abgaben- und Zertifikatelösungen lassen sich zusammenfassen zu

These 3: Instrumente, die eine gleichmäßige, von den Besonderheiten einzelner Emissionsquellen abstrahierende Kostenbelastung bei Emittenten bewirken, sind fallweiser (auflagenorientierter) "Einzelquellenregulierung" aus Gründen der Kosteneffizienz, der umwelttechnischen Dynamik, sowie aus wettbewerbspolitischen Gründen vorzuziehen. Eine eindeutige Rangfolge bezüglich Abgaben- und Zertifikatelösungen kann nicht angegeben werden. Einer praktischen Anwendung von Abgaben- und Zertifikatelösungen stehen politische Durchsetzungsprobleme entgegen, die möglicherweise durch instrumentelle "Einbettung" dieser Instrumente in ein bestehendes Auflagensystem überwunden werden können.

Bei einfachen Umweltproblemen ist insgesamt eine bei den Emissionen ansetzende Politik der indirekten Steuerung zu empfehlen. Inwieweit diese Politik bei komplexen Umweltproblemen zu modifizieren ist, sei im folgenden Abschnitt II.B untersucht.

B. Innovationsorientierte Umweltpolitik zur Bewältigung komplexer Umweltprobleme

Grundüberlegung der hier vorgeschlagenen umweltpolitischen Konzeption ist die Überzeugung, daß eine auf einfache Umweltprobleme bezogene Umweltpolitik die in Abschnitt I.C geschilderten komplexen Umweltprobleme insgesamt nicht "lösen" kann, daß somit (zumindest ergänzend) eine Umweltpolitik für komplexe Umweltprobleme erforderlich wird.

1. Konzeption

Die im Rahmen der in Abschnitt II.A diskutierten Konzeption "wegdefinierten" Problemdimensionen der (ökologischen) Unsicherheit, der zeitlichen Struktur und der Globalität komplexer Umweltprobleme sowie die Struktur und Dynamik umwelttechnologischer Entwicklung sind für eine umfassende umweltpolitische Strategie von entscheidender Bedeutung. Bei Berücksichtigung dieser Aspekte zeigt sich die Notwendigkeit, die enge emissionsbezogene umweltpolitische Zielsetzung durch ein umfassenderes, auch Aspekte inländischer umwelttechnischer Dynamik und internationaler Technologiediffusion einschließendes Zielsystem zu ergänzen[1]. Inländische Emissionsstandards sind allenfalls flankierend (als umweltpolitische Nebenbedingung) zu berücksichtigen.

---

[1] Vgl. Abschnitt I.D. Meixner, (1980), S. 99, bemerkt - in Anlehnung an Schumpeter (1950, S. 140) - zu Recht, daß "die Entwicklung umweltfreundlicher neuer Produkt- und Verfahrenstechnologien ... gegenüber einer reinen Anpassung des Outputs an (korrigierte) Preissignale um soviel wirkungsvoller [ist], 'wie es ein Bombardement ist im Vergleich zum Aufbrechen einer Tür'". Die Bezeichnung "innovationsorientierte Umweltpolitik" soll die hohe Bedeutung andeuten, die der umwelttechnologischen Dynamik in dieser Konzeption beigemessen wird.

Aufgrund der mangelnden Vorhersehbarkeit technologischer Entwicklungen können umwelttechnologische Ziele nicht wie emissionsmengenbezogene Ziele als Punktziele formuliert werden. Bezogen auf die (erwünschte) umwelttechnologische Dynamik ist vielmehr eine befriedigende (statt einer maximalen) Zielerfüllung anzustreben. Das Problem der Zielformulierung besteht dann in der Festlegung derjenigen umwelttechnologischen Dynamik, die als befriedigend zu gelten hat. Die Formulierung von Standards für befriedigende Zielerfüllung ist freilich nicht einfach.

Im Zusammenhang mit wettbewerbstheoretischen Fragen nach (im Sinne eines "funktionsfähigen" Wettbewerbs) akzeptablen Produkt- und Verfahrensfortschrittsraten schlägt Grossekettler im Rahmen seines "Koordinationsmängelkonzeptes"[2] vor, Fortschrittsraten, die nicht niedriger als in der Vergangenheit und/oder im vergleichbaren Ausland sind, als befriedigend zu bezeichnen (bzw. dann die Vermutung der Existenz von Fortschrittshemmnissen fallenzulassen). Übertragen auf die Beurteilung umwelttechnischer Dynamik wäre umwelttechnischer Fortschritt (nur) dann als befriedigend zu bezeichnen, wenn er hinsichtlich klar zu definierender Kennziffern nicht hinter vergangenem oder ausländischem Fortschritt (in technologisch hochentwickelten Industrieländern) zurückbleibt. Grossekettler schlägt als Kenngröße technologischer Dynamik den Umsatzanteil von Produkten (bzw. Verfahren), die es vor x Jahren noch nicht gab, auf einem Markt y vor[3]. Diese Kennziffer erfaßt sinnvollerweise zugleich Innovationshäufigkeit und Diffusionsgeschwindigkeit der Entwicklung. Denn erst die Marktbewährung (aufgrund qualitativer Überlegenheit und/oder Kosten- und Preisvorteilen)

---

[2] Vgl. Grossekettler (1985), S. 170ff., im Überblick: derselbe (1987).

[3] Vgl. Grossekettler (1978), S. 226.

entscheidet letzlich, inwieweit eine Neuerung als Fortschritt anzusehen ist.

Eine solche Formulierung befriedigender Ziele bleibt allerdings ohne Aussagen zur Anpassung der Standards für befriedigende Zielerfüllung unvollständig. Einerseits wäre bei bisherigem und ausländischen Fortschritt von Null auch technologisches Nichtstun noch befriedigend, andererseits eine mechanisch ad infinitum verlängerte Fortschrittsforderung bei zunehmender Bewältigung von Umweltproblemen irgendwann als "überzogen" zu bewerten. So böten z.B. wandelnde Erkenntnisse über den Zustand der Umweltmedien einen Anlaß, die Anforderungen an befriedigenden umwelttechnischen Fortschritt herauf- oder herunterzuschrauben, wobei die schwierige Frage entsteht, wer das Anspruchsniveau verbindlich anpassen und die befriedigende Zielerfüllung konstatieren soll.

Umwelttechnischer Fortschritt sollte zudem nicht nur hinsichtlich der "Geschwindigkeit"[4], sondern auch qualitativ befriedigend sein, der Anteil integrierter Neuerungen an den gesamten umwelttechnischen Neuerungen sollte z.B. nicht abnehmen.

Die in dieser Arbeit zur Bewältigung komplexer Umweltprobleme (ergänzend) vorgeschlagene Konzeption einer innovationsorientierten Umweltpolitik ist somit auf der Ebene der Zielformulierung notgedrungen unscharf; dennoch ergeben sich, wie im folgenden zu zeigen ist, auf ihrer Basis neue Akzentsetzungen.[5]

---

[4] Im Sinne des Grossekettlerschen Vorschlags etwa gemessen als Marktanteil z von Umwelttechnologien, die vor x Jahren in Region y noch nicht zum Einsatz kamen. In der politischen Praxis wird allerdings die Fortschrittsgeschwindigkeit zumeist näherungsweise an der Höhe der Forschungsausgaben abgelesen ("Inputmessung").

[5] Auch eine die "reaktive" Umweltpolitik ergänzende "präventive" Umweltpolitik ist bislang ein eher

Die Diskussion dieser Konzeption erfolgt - soweit sinnvoll - in zum Vorabschnitt analoger Gliederung. Zunächst ist demnach die Frage der Rolle des Staates im Umweltbereich zu untersuchen.

2. Die Rolle des Staates im Umweltbereich

Bei komplexen Umweltproblemen sind nicht alle im Zusammenhang mit der Umweltbelastung auftretenden Kosten verursachungsgerecht zurechenbar. Heute (unerwartet) anfallende Kosten vergangener Umweltsünden ("Altlasten") und Kosten, die im Zusammenhang mit im Ausland verursachten Umweltschäden im Inland anfallen oder deren Verursacher aus anderen Gründen nicht zu belangen sind[6], müssen von der Allgemeinheit getragen werden. In diesem Zusammenhang anfallende umweltbezogene Aufgaben sind als zusätzliche "geborene" Staatsaufgaben einzuordnen und gemäß Gemeinlastprinzip zu finanzieren. Die in Abschnitt II.B.1 dargestellte Präferenz für das Verursacherprinzip ist bei komplexen Umweltproblemen somit weniger ausgeprägt.

Insbesondere ist die Beurteilung staatlicher Aktivität im Bereich umweltbezogener Forschung und Entwicklung neu zu diskutieren. Im folgenden seien exemplarisch drei Gebiete im Bereich umweltbezogener Forschung und

---

gefordertes als konkret formuliertes Konzept. Vgl. OECD (1980), S. 13ff., O'Riordan (1985), Simonis (1984). Zimmermann (1985, S. 17f.) sieht in ihrem langfristigen Charakter und der Betonung der Förderung integrierter Prozeßtechnologien die wesentlichen (freilich auch vage formulierten) Unterschiede zur reaktiven Umweltpolitik.

[6] Dazu zählen z.B. Umweltschadensfälle, in denen die privaten Verursacher unbekannt, nicht mehr vorhanden oder finanziell nicht zu beanspruchen sind oder aufgrund unklarer Verursachungszusammenhänge bei einer bei den staatlichen Behörden angesiedelten Beweispflicht (haftungsrechtlich) nicht in Anspruch genommen werden können und Schadensfälle, in denen staatliche Stellen durch mangelnde Sorgfalt (zum Beispiel im umweltpolitischen Vollzug) Umweltschäden (mit)verursacht haben (vgl. Hartje, 1986, S. 2).

Entwicklung angesprochen, auf denen private Aktivität unbefriedigende Resultate erwarten läßt, so daß eine Ergänzung durch staatliche Aktivität sinnvoll erscheint.

a) Entwicklung und Einsatz neuer Technologien zur Umweltreparatur

Sind Umweltprobleme soweit fortgeschritten, daß die Drosselung der periodischen Neuverschmutzung zur Stabilisierung einer befriedigenden Umweltqualität nicht mehr hinreicht (vgl. Abb.9), dann sind (verbesserte) Maßnahmen zur Neutralisierung bereits in den Umweltmedien akkumulierter Schadstoffe notwendig. Da einerseits die Verursachung existierender Altbestände von langlebigen Schadstoffen zumeist unklar ist, die Erträge von Umweltreparaturmaßnahmen andererseits einen immateriellen und "öffentlichen" Charakter haben, werden Private jedoch nicht bereit sein, einen Beitrag zur Finanzierung dieser Maßnahmen und zur Finanzierung von Forschung und Entwicklung auf dem Gebiet neuer "Umweltreparaturtechnologien" zu leisten. Deshalb wird hier eine Gemeinlastfinanzierung staatlicher Aktivitäten erforderlich[7].

Der richtige Umfang des diesbezüglichen staatlichen Engagements ist theoretisch durch Kosten-Nutzen-Analysen zu ermitteln, wobei auf der Kostenseite die entgangenen Nutzen einer anderen Verwendung der öffentlichen Mittel auftauchen müßten. Der Nutzen des entsprechenden staatlichen Engagements hängt jedoch stark von der Gewichtung künftiger Bedürfnisse, der Beurteilung drohender Umweltgefahren und von der Bewertung intangibler Umweltgüter ab. Die Anwendung von

---

[7] Die **Durchführung** von Maßnahmen und Forschungen im Bereich der Umweltreparatur kann demgegenüber im Wege der Ausschreibung dem privaten Sektor übertragen werden, um dessen größere Effizienz bei der Erfüllung dieser Aufgaben zu nutzen.

Kosten-Nutzen-Analysen liefert somit nur erste Anhalts-
punkte für die Bestimmung des "richtigen" Umfangs der
Staatsaktivität. Pragmatisch kann die Frage nach einem
angemessenen staatlichen Engagement - gemessen z.B. am
Anteil öffentlicher Umwelt(reparatur)ausgaben am Gesamtvolumen der öffentlichen Haushalte - anhand von
Zielwerten beurteilt werden, die unter Berücksichtigung
ausländischer und vorjähriger Vergleichskennziffern vor
dem Hintergrund des (z.B. in Regierungsprogrammen pro-
klamierten) Anspruchsniveaus als befriedigend gelten
können.

**b) Förderung emissionsbezogener umwelttechnischer
Dynamik im Inland**

Wenn dezentral realisierter Fortschritt bei Emissions-
minderungstechnologien wegen der Nutzung spezifischer
Kenntnisse und Informationsvorsprünge dem von einer
schlecht informierten und dem Zwang zur Marktbewährung
nicht unterworfenen Behörde "geplanten" qualitativ
überlegen ist, die Privaten also mit gleichem
Ressourcenaufwand rentablere, dem Markt angepaßtere
Forschungsergebnisse produzieren können als der Staat,
so ist hier ein staatlicher Eingriff in der Form
umweltbezogener Technologieförderung als "Ressourcen-
verschwendung" abzulehnen[8].

Der im Zuge des um Umweltnutzungspreise korrigierten,
aber ansonsten freien Spiels der Marktkräfte "automatisch" produzierte umwelttechnische Fortschritt ist
allerdings zur Lösung komplexer Umweltprobleme vermutlich strukturell unbefriedigend[9].

Verläuft nämlich die technologische Entwicklung auf
einem falschen Ast des in Abschnitt I.D beschriebenen

---

[8] Vgl. Oberender, Rüter (1987), Starbatty (1987).

[9] Vgl. Hartje, Lurie (1984 und 1985) und Abschnitt
I.D.

Stammbaums, so treten ohne staatliche Eingriffe keine hinreichend starken Kräfte auf, die einen entsprechenden technologischen Strukturwandel herbeiführen. Die in Abschnitt I.D beschriebenen "Beharrungskräfte" erfordern mithin eine staatliche "Initialzündung", um die technologische Entwicklung auf den richtigen Ast zu befördern und sie dort voranzutreiben.

Zur Konkretisierung dessen, was (z.B. auf den Feldern Materialforschung und Energieumwandlung) als technologisch richtiger Ast gelten und gefördert werden sollte, wäre eine technologiebezogene Umweltverträglichkeitsprüfung vorstellbar, in der nur solche technologischen Entwicklungen akzeptiert würden, deren Umweltunschädlichkeit sich in einem strengen Prüfverfahren erweist. In eine solche "technologische Umweltverträglichkeitsprüfung" wären Techniker und Ökologen als Experten einzubeziehen.[10] Im Bereich der Energieumwandlung z.B. würden vermutlich nur regenerative Energiesysteme einen solchen Test bestehen. Der bei der gegenwärtigen technologischen Entwicklungsstruktur unwahrscheinliche Sprung vom Zeitalter der fossilen Verbrennung in das Zeitalter der Solar/Wasserstofftechnologie wäre also per staatlicher "Initialzündung" voranzutreiben.

Im Zusammenhang mit derartig strategischen, auf technologischen Strukturwandel gerichteten staatlichen Eingriffen ist insbesondere die (staatliche) Grundlagenforschung von Bedeutung. Zwischen Grundlagen-

---

[10] Bislang werden Umweltverträglichkeitsprüfungen nur im Zusammenhang mit konkreten (öffentlichen oder privaten) Projekten diskutiert. Ein umweltbezogener "Check" großer Projekte in deren Planungsphase läßt sich insbesondere in die schon existierenden öffentlichen Fachplanungen (z.B. Bauleitplanung, Stadtentwicklungsplanung, Generalverkehrsplanung) integrieren (vgl. Wicke, 1982, S. 166ff.).

forschung und angewandter Forschung[11] besteht hinsichtlich Ressourcenspezialisierung und Ergebnissen
eine komplementäre Beziehung.[12]

Angewandte Forschung und Entwicklung erfordert den Einsatz anwendungsspezifischer Ressourcen (z.B. Bergbau-
ingenieure). Ergebnisse der angewandten Forschung
(praktisch anwendbare wissenschaftlich-technische Erkenntnisse) und Entwicklung (ausgereifte Prototypen mit
großtechnischer Einsatzmöglichkeit) treiben die Entwicklung tendenziell auf dem selben Ast des technologischen Stammbaums voran[13].

Grundlagenforschung erfordert dagegen den Einsatz for-
schungsspezifischer, also gerade nicht anwendungsspezifischer Ressoucen (Physiker statt Bergbauingeni-
eure). Ergebnisse der Grundlagenforschung (neue naturwissenschaftliche Ergebnisse und/oder Entdeckungen) ermöglichen die Herausbildung neuer Äste des technologischen Stammbaums (Biotechnologie, Mikroelektronik) oder
Sprünge zwischen verschiedenen technologischen Ästen
(Einsatz der Biotechnologie im Umweltschutz in der Form
schadstoffvertilgender Bakterienstämme). Die Ergebnisse
der Grundlagenforschung verbreitern das gesamte

---

[11] Vgl. zu diesem Begriffspaar Littmann (1975), S.14f.

[12] Unterschiede bestehen in der Motivation des
Forschungspersonals: So hat ein im Betrieb (im
Forschungssektor) arbeitender Erfinder vornehmlich
am wirtschaftlichen (wissenschaftlichen) Fortschritt
Interesse, entwickelt überwiegend Verbesserungs-
innovationen (Basisinnovationen) und hat aufgrund
seiner eher wirtschaftlichen (wissenschaftlichen)
Orientierung einen hohen (niedrigen) Anreiz, die
Idee zur kommerziellen Reife weiterzuentwickeln.
Vgl. Mensch (1971), S. 301. "Die Grundlagenforschung
gehorcht - und hat Bedarf an - einem anderen
Anreizsystem als die angewandte Forschung" (ebenda,
S. 301).

[13] Vgl. das bereits angeführte Beispiel der "konservativen" Forschungsorientierung in der Klöckner-Humboldt-Deutz AG.

Forschungsfeld und erhöhen somit indirekt auch die Flexibilität angewandter Forschung.

Ergebnisse und Erträge aus angewandter Forschung sind vergleichsweise spezifisch und leicht "privatisierbar", weswegen auch die Rentabilität angewandter Forschung zumeist gesichert ist, bzw. keine Tendenz zu einer Unterversorgung befürchtet werden muß. Die Ergebnisse der Grundlagenforschung können demgegenüber als öffentliches Gut interpretiert werden, bei dessen Nutzung positive externe Forschungseffekte übertragen werden. Wegen der freien Verfügbarkeit der Forschungsergebnisse besteht eine Tendenz zur Unterversorgung mit Grundlagenforschung, deren Beseitigung mithin als Staatsaufgabe anzusehen ist[14].

Die umweltpolitische Bedeutung der Komplementarität zwischen (staatlicher) Grundlagenforschung und (privater) angewandter Forschung besteht darin, daß im wesentlichen nur erstere den Anstoß zu einem Wechsel auf den "integrierten Ast" des Stammbaums geben kann[15]. Somit existieren im Bereich der umwelttechnologischen Grundlagenforschung Aufgaben und "Chancen staatlicher Innovationslenkung"[16], sofern sie dazu beiträgt, die

---

[14] Auch Oberender (1987, S. 19) akzeptiert eine Innovationsförderung um so eher, "je grundlegender und je allgemeiner sie geschieht (Grundlagenforschung), d.h. je mehr eine solche Forschung den präkompetitiven Bereich betrifft."

[15] Ähnlich formuliert Mensch (1972, S. 292f.): "[Nur] mit der Durchsetzung einer Basisinnovation wird ein neuer Elementarmarkt ... eingerichtet".

[16] Vgl. die gleichnamige Monographie von Littmann (1975). Die Bedeutung des Wettbewerbs "als Verfahren zur Entdeckung von Tatsachen ..., die ohne sein Bestehen nicht genutzt werden würden" (v.Hayek, 1969, S. 249) ist also dann zu relativieren, wenn der Wettbewerb allein eine wesentliche Änderung der technologischen Entwicklungsstruktur (Sprung auf einen anderen Ast) nicht zu leisten vermag. So hätten viele heute etablierte Luft- und Raumfahrttechnologien (Bsp. "Airbus") wegen hoher An-

umwelttechnische Entwicklung stärker auf den richtigen (integrierten) Ast zu lenken.

Zwar besteht - da die (staatliche) Grundlagenforschung in der Förderungsphase dem Markttest entzogen ist - ein relativ hohes Risiko der Förderung von Forschungsruinen (z.B. Brutreaktortechnologie), dieser Gefahr ist jedoch jede Grundlagenforschung ausgesetzt. Der angesichts komplexer Umweltprobleme dringende Bedarf an umwelttechnologischen "Durchbrüchen" läßt dieses bewußt eingegangene Risiko als gerechtfertigt erscheinen.

Die angesichts einfacher Umweltprobleme zutreffende Aussage, private (angewandte) Forschung sei wegen der besseren Ausnutzung dezentral verteilter Information staatlicher (Grundlagen)forschung stets vorzuziehen, ist also im Fall komplexer Umweltprobleme nicht mehr generell richtig[17].

Die Frage nach dem angemessenen Umfang des staatlichen Engagements in der Grundlagenforschung und der Förderung umwelttechnischen Fortschritts läßt sich wiederum vor dem Hintergrund geeigneter Kennziffern des öffentlichen Engagements mit Blick auf ausländische und vergangene Werte und unter Berücksichtigung des aktuellen Anspruchsniveaus beurteilen.

---

laufkosten und riskanter Ressourcenspezialisierung ohne staatliche "Initialzündung" kaum das Stadium der Anwendungsreife erreicht.

[17] In der Literatur werden weitere Argumente für umweltbezogene Forschungsförderung genannt. Starbatty (1987, S. 177) verschont Projekte mit grenzüberschreitender Bedeutung (explizit: Umwelt- und Verkehrsbereich) vor der "ordnungspolitischen Guillotine". Auch Kantzenbach (1987, S. 32) befürwortet - umweltbezogene Forschungsförderung mit dem Hinweis auf Divergenzen zwischen einzel- und gesamtwirtschaftlichen Entscheidungskriterien.

c) Förderung des internationalen Transfers von Umwelttechnologien

Die in Abschnitt I.D beschriebenen außenwirtschaftlichen Mechanismen, mittels derer fortschrittliche inländische Umwelttechnologien entlang des internationalen Technologiegefälles ins Ausland diffundieren, reichen zur nachhaltigen Beeinflussung der Auslandsemission möglicherweise nicht aus[18]. Die internationale Technologiediffusion als entscheidendes Mittel zur Beeinflussung ausländischer Emissionen (und zur Verbreitung im Inland entwickelter neuer "Umweltreparaturtechnologien") kann daher selbst bei befriedigender inländischer umwelttechnologischer Dynamik (unter bevorzugter Berücksichtigung integrierter Technologien) im Eigeninteresse der Technologiegeber sein. Dabei kann der Staat entweder als Vermittler zwischen inländischem Technologiegeber und ausländischem Technologienehmer oder selbst aktiv als Technologiegeber tätig werden[19].

Vor der Diskussion der vielfältigen Probleme dieses Vorschlags ist zur Beurteilung der Erfolgschancen solcher Umweltentwicklungshilfe ein kurzer Rückblick auf frühere Debatten um entwicklungsmotivierten Tech-

---

[18] So kann allein ein starkes Wachstum der Bevölkerung den Emissionsminderungseffekt importierter moderner Umwelttechnologien völlig "ausgleichen". Zudem hemmen Probleme der Übertragbarkeit hochspezifischer Technologie und die geringe Umweltbewertung im Ausland die Diffusion moderner Umwelttechnologie.

[19] Ergänzt werden könnte diese Beeinflussung durch (handelspolitisch problematische) direkte Umweltaußenpolitik (Zölle und Importkontingente bzgl. umweltschädlich produzierter oder zu konsumierender Importgüter). Die Folge wäre ein Verzicht auf Vorteile des Außenhandels. Da geborene Staatsaufgaben im Umweltbereich andererseits nur bei "gesunder materieller Basis" finanziert werden können, sei eine derartig handelshemmende direkte Umweltaußenpolitik hier nicht untersucht.

nologietransfer hilfreich[20]. Die Diskussion internationalen Technologietransfers war - im Zusammenhang mit dem Aufbau einer neuen (gerechteren) Weltwirtschaftsordnung - entwicklungsorientiert. Zentrale Anliegen waren:

- Linderung des Nord-Süd-Gefälles,
- Kompensation (angeblich) auf Kolonialismus beruhender Nachteile,
- gemeinschaftliche Teilhabe am wirtschaftlichen Erbe der Menschheit[21].

Technologische Zusammenarbeit sollte die Weitergabe technischen Wissens und Könnens ermöglichen und sichern. Da aber weder ein Anspruch auf Transfer von Technologie noch ein solcher auf "reale Wirtschaftsgleichheit der Staaten" besteht[22] und das Völkervertragsrecht auf Vertragsfreiheit und Gegenseitigkeit beruht[23], ist der in den achziger Jahren eingetretene Stillstand im Technologiedialog nicht verwunderlich. Die im Zusammenhang mit einer neuen Weltwirtschaftsordnung von Ländern der dritten Welt aufgestellten Forderungen betrafen Transaktionen, in denen die Technologiegeber Leistungen ohne entsprechende Gegenleistung bereitstellen sollten, was von Wirtschaftseinheiten, die in der Marktwirtschaft unter dem kategorischen Imperativ der Selbstbehauptung stehen, nicht erwartet werden konnte[24]. Zudem waren wachstumshemmende Effekte einer derartigen entwicklungstechnologischen Zusammenarbeit zu befürchten. So konnten geforderte Eingriffe in das Patentrecht Konflikte mit nationalem Privatrecht

---

[20] Vgl. z.B. Graf Vitzthum (1987), Hanson, Vogel (1975), Menk (1976), Hewett (1975), Wagener (1976).

[21] Vgl. Graf Vitzthum (1987), S.233f., Küng (1984), S.184f.

[22] Vgl Graf Vitzthum (1987), S. 235.

[23] Vgl. ebenda, S. 237.

[24] Vgl. Küng, (1984).

und abnehmende Bereitschaft zu riskanten innovativen Investitionen in Industrieländern bewirken, wären langfristig also auch für die Entwicklungsländer selbst kontraproduktiv gewesen[25].

Man kann nun argumentieren, zwischen der Weitergabe grundlegender und anwendungsbezogener umwelttechnologischer Kenntnisse zu Vorzugsbedingungen und dem geschilderten entwicklungsmotivierten Technologietransfer bestehe kein genereller Unterschied. Dem Eigeninteresse des umweltmotivierten Technologiegebers entspreche ein Eigeninteresse des entwicklungsmotivierten Technologiegebers an der Entfaltung neuer Absatzmärkte.

Wird mit Hinweis auf die bei komplexen Umweltproblemen internationale "Emissionsverbundenheit" aller Länder dennoch umweltmotivierter Technologietransfer vom umwelttechnologisch fortschrittlichen Inland gefordert,[26] ergeben sich viele Fragen bezüglich dessen praktischer Umsetzung: Welches Land sollte angesichts unklarer transnationaler Emissionswirkungen welchen anderen Ländern wieviel technologische Unterstützung gewähren? Behindern "technologische Almosen" die innovatorische Dynamik in den Empfängerländern? Wie ist bei kostenfreier Bereitstellung von Ergebnissen (öffentlich geförderter) umwelttechnologiebezogener Grundlagenforschung das Problem des öffentlichen Gutes, d.h. die internationale Finanzierung zu regeln? Schließlich: Wie werden inländische (private) Innovatoren bei er-

---

[25] Vgl. Menk (1975), S. 114, und Wagener (1976).

[26] Das Interesse für entsprechenden, auf langfristige technologische Lenkungseffekte (technologische "Infektion") angelegten Technologietransfer ist möglicherweise in den Industrieländern wegen des dort hohen Lebensstandards und des mit zunehmender umweltbezogener Auklärung stärker ausgeprägten "Umweltpessimismus" besonders ausgeprägt (Vgl. Kuhl, 1987, S. 123f.).

zwungener Weitergabe ihrer Neuerungen aus angewandter Forschung für entgangene Vorsprungsgewinne entschädigt?

Die Schwierigkeiten seien exemplarisch anhand des in der letzten Frage angesprochenen Problems diskutiert.

Umwelttechnologische Entwicklungshilfe ist kontraproduktiv, wenn durch eine Entmutigung inländischer Innovatoren aufgrund der erzwungenen Verbreitung ihrer anwendungsbezogenen Technologie die umwelttechnische Dynamik im Inland - die Voraussetzung internationaler Technologiediffusion - beeinträchtigt wird. Die mit dem Verkauf der Neuerung ins umwelttechnologisch rückständige Ausland erzielbaren Vorsprungsgewinne würden aber durch den kostenlosen Technologietransfer ins Ausland geschmälert.

Solche innovationshemmenden Effekte könnten durch Kopplung von staatlicher Förderung des Technologietransfers mit entsprechenden Entschädigungsleistungen an inländische Innovatoren für entgangene Vorsprungsgewinne gemildert werden. Im Zusammenhang mit der internationalen Diffusion neuer Umwelttechnologien wäre dann der Staat erstens in der aktiven Förderung der internationalen Verbreitung fortschrittlicher Umwelttechnologie, zweitens im Bereich der Entschädigung inländischer Innovatoren aktiv. Die Problematik einer solchen Entschädigungslösung liegt in der Auswahl förderungswürdiger Technologien (so ist eine simultane Förderung mehrerer ähnlicher Technologien nicht unbedingt sinnvoll) und in der Ermittlung nicht beobachtbarer und - mangels geeigneter Vergleichsmärkte - auch kaum abschätzbarer entgangener Vorsprungsgewinne. Potentielle Innovatoren könnten ihren diesbezüglichen Informationsvorsprung gegenüber der Behörde strategisch, d.h. zum Erhalt staatlicher Entschädigung ohne echte innovatorische Vorleistung, ausnutzen, indem sie falsche, aber kaum nachprüfbare Angaben zur technologischen Entwicklung machen.

Konstruktionen, in denen der Abschluß privater Verträge über den Transfer von Umwelttechnologie zwischen Innovator und ausländischem Anwender (z.B. Lizenz- oder Know-how-Überlassungsverträge) die Voraussetzung für die **nachträgliche** staatliche Unterstützung dieser Transaktion im Rahmen einer zuvor festgelegten Prozedur (eines "Genehmigungsverfahrens" für Anträge auf "Technologieexportsubventionen") darstellt, würden dieses Problem mildern. Eine solche nachträgliche Förderung könnte auch eine Begünstigungsklausel für integrierte Umwelttechnologien enthalten.

Ein weiteres Argument gegen eine staatliche Förderung des internationalen Technologietransfers besteht im Verweis auf Wachstumsverluste im Zusammenhang mit der erhöhten Subventionsgewährung, da Ressourcen einer produktive(re)n Verwendung entzogen werden[27]. Den Wachstumsverlusten in Bezug auf den materiellen Konsum sind jedoch die positiven Wirkungen auf den immateriellen Konsum (Umweltqualität) gegenüberzustellen.

Trotz der Fülle der angesprochenen Probleme einer Förderung umweltbezogenen Technologietransfers ist m.E. angesichts der Dringlichkeit komplexer Umweltprobleme im Eigeninteresse des Inlandes an weitergehender Emissionsreduktion eine Ergänzung internationaler Umweltverhandlungen um entsprechende Vereinbarungen unverzichtbar. Mangels hinreichender Klarheit über die Bewertung immaterieller Konsummöglichkeiten ist das

---

[27] Olson (1982b) befürchtet, daß die Ausweitung "irreversibler" Subventionstatbestände zu einer "Sklerotisierung" der (am Ende vorwiegend mit dem Kampf um Subventionen statt mit der Produktion von Gütern beschäftigten) Gesellschaft führt. Der Gefahr der Sklerotisierung ist durch möglichst einfache und enge Formulierung der Subventionstatbestände (des angesprochenen Genehmigungsverfahrens) vorzubeugen.

"angemessene" Ausmaß des entsprechenden staatlichen Engagements (das umwelttechnologische Entwicklungsziel) relativ unbestimmt[28]. Ein völliger Verzicht auf staatliche Aktivität im Bereich internationalen Transfers moderner Umwelttechnologien wäre jedenfalls verfehlt.

d) Resumee

Bei zunehmender Komplexität von Umweltproblemen wächst die Bedeutung geborener Staatsaufgaben im Umweltbereich und besonders in der umweltbezogenen Technologieförderung. Die Bedeutung dieser Tatsache für die Rolle des Staates im Bereich aktiver Umweltpolitik läßt sich zu folgender Gegenthese zusammenfassen[29]:

Gegenthese 1: Bei zunehmender Komplexität von Umweltproblemen erweitert sich die Zahl der gemäß Gemeinlastprinzip zu finanzierenden geborenen Staatsaufgaben im Umweltbereich. Neben der Beseitigung eingetretener Schäden, deren Verursacher nicht mehr feststellbar ist (Altlasten), gehören dazu insbesondere die Förderung umweltbezogener Grundlagenforschung, die Förderung neuer Verfahren in der "Umweltreparatur" und die umwelttechnologische Entwicklungshilfe.

Je komplexer die Umweltprobleme, je niedriger die Umweltbewertung und die umwelttechnische Entwicklung im Ausland und je höher die Gewichtung künftiger Bedürfnisse, desto eindringlicher ist für die Erfüllung dieser (zusätzlichen) Staatsaufgaben zu plädieren, desto stärker ist mithin die Umweltpolitik der (indirekten) Emissionsbeeinflussung um aktive technologieorientierte Umweltpolitik zu ergänzen.

---

[28] Eine entsprechende Kennziffer ist z.B. der Anteil der Staatsausgaben für die Förderung der Verbreitung moderner (integrierter) Umwelttechnologie am gesamten Staatshaushalt oder am Bruttosozialprodukt.

[29] Alle Thesen und Gegenthesen werden am Schluß der Arbeit nochmals vergleichend gegenübergestellt.

3. Bezugsgröße umweltpolitischer Eingriffe

Im Bereich emissionsbezogener umweltpolitischer Steuerung stellt sich wie in Abschnitt II.A die Frage nach der richtigen Bezugsgröße für steuernde Eingriffe. Die in These 2 zusammengefaßten Empfehlungen zur Wahl umweltpolitischer Bezugsgrößen basieren auf der Annahme, mit der Erfassung inländischer, direkt steuerbarer Emissionen werde ein zur Sicherung einer gewünschten Umweltqualität Q hinreichender Teil des Problems erfaßt, und der in Abb.11 (S. 106) angedeuteten strengen Ordnung alternativer umweltpolitischer Bezugsgrößen. Angesichts komplexer Umweltprobleme ist jedoch dieser Ansatz zur umfassenden Problemlösung nicht mehr hinreichend (vgl. Abb.9, S. 72). Zudem gilt bei erheblicher Diskrepanz zwischen steuerbaren und insgesamt umweltwirksamen Emissionen möglicherweise bezogen auf die wahre Gesamtemission E eine andere "Distanzordnung" alternativer umweltpolitischer Bezugsgrößen als bezogen auf die inländische, direkt steuerbare Emission. Dieser Einwand gegen die in These 2 formulierte Präferenz für eine "einfache" Emissionsorientierung der Umweltpolitik ist nun näher zu diskutieren.

a) Breite des Emissionsbezuges

Die mangelhafte Wirkungsbreite einer auf inländische, steuerbare Emissionen gerichteten Umweltpolitik sei (nochmals) an der mit Abb.9 (S. 72) "verwandten" Abb.14 erläutert.

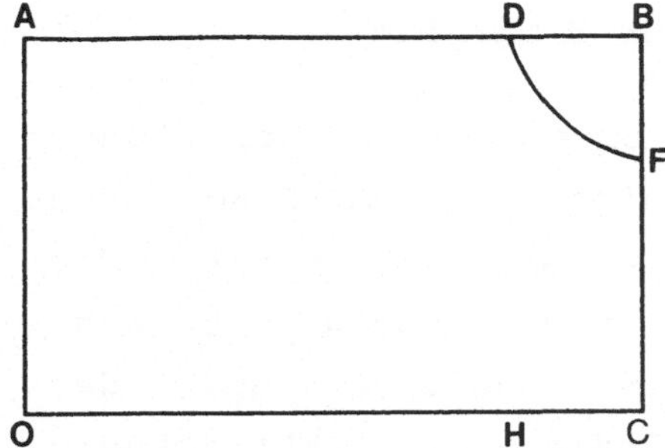

Abb.14 Partielle Umweltsteuerung

Die umweltwirksame Gesamtemission E hat eine rein
mengenmäßige und eine qualitative, auf das betrachtete
Schadstoffspektrum bezogene Dimension. Diese Dimensio-
nen sind in Abb.14 als "Höhe" und "Breite" einer
Gesamtemissionsfläche OABC dargestellt. Die qualitative
Dimension ("Breite") betrifft die Vielzahl unterschiedlicher Arten emittierter Schadstoffe (vgl. Abschnitt
I.D.2), die auf der Abszisse von Abb.14 entweder unge-
ordnet oder nach abnehmender Schadensgewißheit[30], nach
abnehmender politischer Steuerbarkeit oder nach abnehmender verursachungsgerechter Zurechenbarkeit geordnet
abgetragen sein können.

Eine Reduktion der Gesamtemission um ein Viertel ist
nun auf mehrere (durch die "Isoreduktionskurve" DF angedeutete) Arten möglich: Die völlige Vermeidung eines
"gewichteten" Viertels aller Schadstoffe des bekannten
Schadstoffspektrums (Punkt D) hat per Saldo den glei-
chen Umwelteffekt wie 25%ige Reduktion aller Schadstoffe (Punkt F). In beiden Fällen wird die ver-
bleibende "Emissionsfläche" um ein Viertel kleiner[31].

---

[30] Vgl. Bonus, (1981b), Abb. 7, S. 114.

[31] Diese "geometrische" Ableitung legt zwar einen kon-
vexen Kurvenverlauf nahe, die genaue Kenntnis dieser
(der Vereinfachung der folgenden Darstellung dienen-
den) Isoreduktionskurve kann dennoch kaum unterstellt werden.

Kann nun die inländische Umweltpolitik maximal ein Viertel aller in- und ausländischen Emissionen, die das Inland betreffen, beeinflussen und reduzieren (E_{1b}/E = CH/OC = 0,25; vgl. auch Abb. 9, S. 72), ist aber zur Sicherung des vorgegebenen Umweltqualitätszieles eine mehr als 25%ige Gesamtemissionsreduktion erforderlich, so reicht eine rein inländische Umweltpolitik zur Sicherung des Umweltqualitätszieles nicht aus.

Dazu kommen die in Abschnitt II.A geschilderten Nachteile einer engen umweltpolitischen Orientierung. Je enger der umweltpolitische Ansatz, desto wahrscheinlicher sind unerwünschte Ausweichreaktionen ("unechte" Emissionsreduktionen, bei denen eine regulierte Schadstoffemission durch eine nicht regulierte "ersetzt" wird). Diese Verschlechterung der Wirkung einer induzierten Emissionsreduktion steigt somit bei einer Wanderung auf der "Isoreduktionskurve" nach links oben.

Eine enge umweltpolitische Ausrichtung hat zudem dynamische Bremswirkungen. Bei fortschreitender naturwissenschaftlicher Erkenntnis erweist sich eine induzierte "enge" Drosselungsaktivität nachträglich oft als umweltbezogene Fehlanpassung. Die diesbezügliche Unsicherheit bremst insgesamt die Innovationsbereitschaft bezüglich neuer Reduktionstechnologie. Zudem induziert der Anreiz zu spezifischer Schadstoffdrosselung eine entsprechend enge Spezialisierung der auf allen Stufen der umwelttechnischen Entwicklung eingesetzten Ressourcen[32]. Insbesondere haben enge (additive) Vermeidungs-

---

[32] So beziehen sich nach §7d EStG gewährte Abschreibungserleichterungen nur auf Vorhaben (Wirtschaftsgüter), die "ganz oder überwiegend" - d.h. in der praktischen Auslegung zu mindestens 70% - Umweltschutzzwecken gewidmet sind (vgl. Wicke, 1982, S. 190). Dadurch werden nachträgliche Reinigungsanlagen (end-of-pipe-Technologien) gegenüber Technologien mit integriertem Umweltschutz, bei denen die Emissionsreduktion im Rahmen größerer Umstellungen (z.B. Neukonzeption von Materialströmen)

technologien bei enger umweltpolitischer Bezugsgröße einen Kostenvorteil gegenüber weiten (integrierten) Vermeidungstechnologien. Selbst bei einer Korrektur des naturwissenschaftlichen Schadensverständnisses verharrt die technologische Entwicklung nach einem derartigen umwelttechnologischen "Sündenfall" noch auf dem gewählten (additiven) Ast des umwelttechnologischen Stammbaums. Eine enge umweltpolitische Bezugsgröße steigert schließlich die Notwendigkeit umweltpolitischen "Nachstückelns" (neue Maßnahmen werden nötig, wenn sich die bisherigen als sachlich unzureichend erweisen). Dies ist keine theoretische Befürchtung, sondern bittere praktische Erfahrung. So spricht Pöggeler (1987, S. 48) in diesem Zusammenhang von einem "verordneten Markt für Umwelttechnologien". Dieser sei (ebenda. S. 55) ein "schnellebiger Markt, in dem immer wieder andere, neue Prioritäten gesetzt werden". Die somit erzeugte Unsicherheit über die Rentabilität innovativer Vermeidungstechnologie hemmt die (umwelt)-technische Dynamik und bewirkt eine kurzsichtige, d.h. ex post unbefriedigende Emissionsvermeidung[33].

Eine inländische Umweltpolitik der indirekten Emissionssteuerung ist angesichts komplexer Umweltprobleme somit stets mit dem Grundsatzproblem einer zu engen umweltpolitischen Bezugsgröße konfrontiert.

---

quasi "nebenbei" anfällt, einseitig bevorzugt. Bezeichnenderweise existiert mittlerweile ein (bayerischer) Reformvorschlag, nach dem integrierte Umwelttechnologien in die steuerlichen Sonderabschreibungen nach §7d einbezogen werden sollen (vgl. Bundesratsdrucksache 327/87).

[33] Bonus (1984a), S.103ff. und S.110f. schildert die Folgen solcher umweltpolitischer Unklarheiten an eindrucksvollen Beispielen.

b) Inputbezogene Umweltpolitik

Die Frage nach alternativen Bezugsgrößen für eine Umweltpolitik der emissionsbezogenen Steuerung sei am Beispiel inputbezogener Umweltpolitik untersucht.

Konzentriert sich die "materielle Ausgangsbasis" für Produktion und Emission aller Verarbeitungsstufen in einer Volkswirtschaft auf wenige Grundstoffe, so wirkt ein umweltpolitischer Eingriff auf der "Grundstufe" indirekt auf allen nachgelagerten Branchen (Sektoren) der betrachteten Volkswirtschaft emissionssenkend. Eine Besteuerung aller fossilen Brennstoffe erfaßt z.B. auch Verbrennungsrückstände, die - weil noch unbekannt - durch direkten Emissionsbezug nicht beeinflußt werden. Da nahezu alle Sektoren einer Volkswirtschaft fossile Brennstoffe einsetzen, ist auch sektoral eine breite Wirkung zu erwarten. Der Ansatz bei fossilen Brennstoffen erscheint auch im Vollzug einfacher als die differenzierte Einzelbehandlung eines - eventuell unvollständigen - Schadstoffspektrums.[34] Möglicherweise haben umweltpolitische Eingriffe am "Stamm" volkswirtschaftlicher Produktionsverflechtung den breitesten "wahren" Emissionsbezug[35].

Angesichts häufiger und z.T. gravierender Korrekturen des naturwissenschaftlichen Schadensverständnisses wäre

---

[34] Inputbezogene Umweltpolitik kann bei bereits entwickelten Instrumenten (z.B. Mineralölsteuer) ansetzen und weist insofern (und auch wegen vergleichsweise geringer Probleme bezüglich der Kontrolle eingesetzter Inputs) Vorteile bei der technischen Umsetzung auf. Ähnlich argumentiert auch Cansier (1983), S.767f.

[35] Springmann (1986, S. 25) urteilt ähnlich: "Umweltpolitik ist ... dann am wirksamsten, wenn ihr Ziel die Verringerung des Verbrauchs der natürlichen Rohstoffe und Bodenschätze insgesamt ist" und betrachtet (ebenda) "als Größe für das Maß der Umweltzerstörung den Verbrauch von natürlichen Rohstoffen und Bodenschätzen".

eine inputbezogene Umweltpolitik u.U. weniger häufig korrekturbedürftig als eine emissionsbezogene Umweltpolitik. Dieser mögliche Vorteil inputbezogener Umweltpolitik ist, da auch in Zukunft zuvor als harmlos geltende Stoffe in der Schadensbewertung "aufsteigen" werden, dabei wahrscheinlich dauerhafter Natur.

Inputbezogene Umweltpolitik induziert zudem insbesondere integrierte (rohstoffsparende) technologische Neuerungen. Die nachträgliche Entsorgung ausgewählter Schadstoffe in nachgeschalteten Reinigungsanlagen (Filterstufen) wird demgegenüber nicht gefördert. Diese von Siebert (1976, S. 22) aus Effizienzgründen kritisierte Eigenschaft inputbezogener Umweltpolitik erweist sich somit vor dem Hintergrund der differenzierten Beurteilung additiver und integrierter Emissionsreduktionsmethoden als Vorteil. Der aufgrund vergleichsweise hoher "Wirkungsbreite" inputbezogener Umweltpolitik entstehende "bias" zugunsten integrierter Umwelttechnologien schlägt sich zudem in einer "Verbesserung" der Struktur der in das Ausland diffundierenden Technologien und (daraufhin) der umwelttechnologischen Struktur im Ausland selbst nieder.[36]

Die mit vorstehenden Ausführungen verbundene Empfehlung zum Wechsel des Bezugspunktes für eine Umweltpolitik emissionsbezogener Steuerung ist unter Hinweis auf mögliche Ineffizienzen der induzierten Emissionsreduktion angreifbar. Da alle inländischen Nutzer primärer Rohstoffinputs unabhängig von der Emissionsintensität ihrer Produktion umweltpolitisch "über einen Kamm geschoren" werden, würden, so das Argument[37], Nutzer mit einer relativ sauberen Verwendung dieser Inputs ge-

---

[36] Dieser "bias" kann zudem durch (vorübergehende) umwelttechnische Entwicklungshilfe unterstützt werden.

[37] Dieses Argument verdanke ich einer Unterhaltung mit meinem früheren Kollegen Dr. Hermann-Josef Pörting. Vgl. auch Hartje (1986), S. 6.

genüber solchen mit einer emissionsintensiven Verwendung ungebührlich benachteiligt. Wegen divergierender Emissionsintensität der Nutzung der betreffenden Rohstoffinputs erfolgt somit die durch inputbezogene Umweltpolitik induzierte Emissionsvermeidung nicht kostenminimal.

Bezogen auf die wahre Gesamtemisson E ist die induzierte Vermeidung jedoch auch dann ineffizient, wenn die inländischen, steuerbaren Emissionen E_{1b} als Bezugsgröße fungieren[38]. Die dynamischen Vorteile der möglicherweise breiteren Bemessungsgrundlage einer inputbezogenen Umweltpolitik sind zudem von dieser Kritik nicht betroffen.

Der grundsätzliche Einwand, daß jede Umweltpolitik emissionsbezogener Steuerung den Aspekt der Vorverschmutzung der Umweltmedien vernachlässigt und deshalb einer Ergänzung durch aktive Umweltpolitik bedarf, wiegt m.E. viel schwerer.

Zusammengefaßt ergibt sich bei komplexen Umweltproblemen bezüglich der umweltpolitischen Bezugsgröße die

Gegenthese 2: Die emissionsbezogene Umweltpolitik darf angesichts der Diskrepanz zwischen steuerbarer und tatsächlich umweltwirksamer Emissionen hinsichtlich der Wahl ihrer Eingriffsparameter zur Emissionsreduktion nicht "einäugig" sein. Eine direkt emissionsbezogene Umweltpolitik ist z.B. einer inputbezogenen inländischen Umweltpolitik in ihrer letztlichen Emissionsreduktionswirkung möglicherweise unterlegen. Unabhängig vom konkreten Ansatzpunkt indirekter umweltpolitischer

---

[38] In diesem Fall werden alle Emittenten von E_{1b} ungeachtet der divergierenden "wahren" (auf E bezogenen) Emissionsintensität ihrer Produktion umweltpolitisch über einen Kamm geschoren. Die Ineffizienz einzelschadstoffbezogener Umweltpolitik kann ebenfalls erheblich sein.

Steuerung ist jedoch zur Bewältigung komplexer Umweltprobleme eine auf Emissionsreduktion gerichtete Umweltpolitik um eine aktive, auf die Verringerung von Vorverschmutzung und Auslandsemission gerichtete Umweltpolitik zu ergänzen.

4. Beurteilung umweltpolitischer Instrumente

Die Beurteilung umweltpolitischer Instrumente der emissionsbezogenen Steuerung erfolgt angesichts komplexer Umweltprobleme vor dem Hintergrund unklarer Verursachungszusammenhänge und nur partieller Beeinflußbarkeit aller tatsächlichen Emissionen. Gemäß Vorsorgeprinzip sind über das Verursacherprinzip hinaus auch diejenigen Belastungen, deren Schädlichkeit unsicher ist, vorsorglich zu vermeiden, beziehungsweise nur solche Belastungen zu akzeptieren, "deren langfristige Unschädlichkeit zweifelsfrei nachgewiesen ist"[39].

Zur Berücksichtigung umweltbezogener Unsicherheiten sind daher neben den bereits dargestellten Auflagen-, Abgaben- und Zertifikatelösungen auch haftungsrechtliche Regelungen und umweltpolitische Mischlösungen mit spezieller Eignung für Situationen unklarer Schadensverursachung zu untersuchen.

a) Darstellung

Ausgestaltung des Haftungsrechts

Der umweltpolitische Einfluß der Ausgestaltung des Haftungsrechts besteht in der Zuweisung von Schadensersatzpflichten des Verursachers von Umweltschäden und von Schadensersatzansprüchen der Geschädigten. Die faktische Wirksamkeit bestehender Schadensersatzpflichten hängt in dem mit steigender Komplexität von

---

[39] Bonus (1981b), S. 113. Anzumerken ist, daß bei nachgewiesener Unschädlichkeit eigentlich nicht mehr von "Belastung" gesprochen werden sollte.

Umweltproblemen wachsenden Bereich unklarer Verursachung entscheidend von der Ausgestaltung der Beweispflichten ab[40]. Je unklarer die Verursachung (je breiter der bei entsprechender Interpretation durch die Strecke HC in Abb.14 angedeutete Unsicherheitsbereich) und je geringer der den Emittenten zugewiesene Teil der Beweislast, desto geringer ist die umweltbezogene Wirkung haftungsrechtlicher Vorschriften.

Vor der Zuspitzung der Umweltproblematik begünstigte das Privathaftungsrecht zumeist den (mutmaßlichen) Verursacher von Umweltschäden, da ihm Verursachung (oft sogar juristisch definiertes Verschulden) von Umweltschäden in einer lückenlosen Kausalkette nachzuweisen war, um ihn haftungsrechtlich belangen zu können[41]. Angesichts oft unklarer und somit schwer beweisbarer Verursachung spielte daraufhin das Haftungsrecht im Umweltschutz nur eine untergeordnete Rolle[42].

Der polar entgegengesetzte Fall einer überwiegend bei den (mutmaßlichen) Verursachern angesiedelten Beweislast liegt dagegen der Rechtskonstruktion der gesamtschuldnerischen (verschuldensfreien) Gefährdungshaftung zugrunde. Hier kann jeder beliebige Emittent aus dem Kreis potentieller Emittenten herausgegriffen und - unabhängig vom Umfang der individuellen Schuld - für den gesamten verursachten Schaden in Anspruch genommen werden[43]. In diesem Fall verschlechtert sich mit zunehmen-

---

[40] Die Ausgestaltung des Klagerechts (z.B. Einführung der Verbandsklage, d.h. Möglichkeit der Klageinitiative, ohne daß eine subjektive Rechtsverletzung vorliegen muß) ist für die Wirksamkeit (haftungs)-rechtlicher Bestimmungen ebenfalls von (hier nicht untersuchter) Bedeutung. Vgl. Wicke (1982), S. 129.

[41] Vgl. für die Bedeutung der Ausgestaltung der Beweispflichten Weidner (1985a), S. 93ff.

[42] Vgl. Endres (1985), S. 49.

[43] Dieser Gedanke findet sich auch im deutschen Umweltrecht und zwar in §22,1 des 1976 novellierten Wasserhaushaltsgesetzes (vgl. BGBl. I, 1976, S.

der umweltbezogener Unsicherheit die Position des Emittenten.

Das sogenannte **juristische Verursacherprinzip** als haftungsrechtliche Mittelposition definiert Haftpflichten gegen solche Emittenten, die gegen bestimmte Umweltgesetze verstoßen. So werden Produzenten bei Haftung nach dem Stand der Technik (nur) dann schadensersatzpflichtig, "wenn sie den Stand der Technik (etwa konkretisiert nach den Vorgaben der Technischen Anleitung Luft) nicht einhalten" (Wicke, 1982, S. 128). Große Bedeutung für die Zuweisung der Beweislast hat innerhalb des juristischen Verursacherprinzips die Auslegung unbestimmter Rechtsbegriffe wie "Ortsüblichkeit" oder "wirtschaftliche Vertretbarkeit", wobei die Rechtssprechung über weite Ermessensspielräume verfügt[44].

Bei unklarer Verursachung erfolgt die Zuweisung umweltbezogener Kosten mit Hilfe des juristischen Verursacherprinzips eher behelfsmäßig. Pauschalierungen ("die chemische Industrie")[45] und daraus resultierende Fehlallokationen sind bei unklarem Auseinanderfallen von vermuteten und tatsächlichen Verursachern unvermeidlich.

3017ff.): "Wer in ein Gewässer Stoffe einbringt oder einleitet oder wer auf ein Gewässer derart einwirkt, daß die physikalische, chemische oder biologische Beschaffenheit des Wasser verändert wird, ist auch ohne Verschulden zum Ersatz des daraus einem anderen entstehenden Schadens verpflichtet, und zwar des ganzen Schadens selbst dann, wenn er nur einen Teil verursacht hat."

[44] Rechtstechnische Einzelheiten zu bundesdeutschen Haftungsbestimmungen beschreibt Cansier (1981), S. 195ff., mögliche haftungsrechtliche Strategien deutet Wicke an (1982, S. 128f.).

[45] So konstatiert Wicke (1982, S. 128), daß bei der Produzentenhaftung bei Eintritt eines Umweltschadens bei der Verwendung bestimmter Produkte "zunächst von einem Verschulden des Produzenten ausgegangen (würde)". Nur im Fall einfacher Umweltprobleme ist diese Vermutung eine Gewißheit.

Die direkte Reichweite haftungsrechtlicher Regelungen ist zudem auf denjenigen Teil emissionsbedingter Umweltbelastungen begrenzt, der (sofort) zu individuellen Schäden führt, welche einen Anspruch auf Schadensersatz begründen. "Mit wachsender räumlicher und zeitlicher Entfernung zwischen Ursache und Schäden und wachsender Zahl der mitwirkenden Faktoren (z.B. unklares Zusammenwirken von Produzent und Konsument) vermindern sich die haftungsrechtlichen Zugriffsmöglichkeiten stark"[46]. Die Durchsetzung von Schadensersatzansprüchen unterbleibt bei "Bagatellfällen", die in der Summe gleichwohl erhebliche Umweltbelastungen hervorrufen können, oft schon aus Transaktionskostenüberlegungen.

Die "Wirkungsbreite" haftungsrechtlicher Lösungen wird sehr unterschiedlich beurteilt. Während Wicke (1986, S. 193) in der Verschärfung des Haftungsrechts die einzige Chance sieht, "das Problem der vielen zehntausend potentiell gefährlicher Stoffe halbwegs 'in den Griff' zu bekommen" und den einzigen Weg, "um Produzenten und Konsumenten in wesentlich größerem Umfang als bisher zu deutlich gesteigerten Umweltanstrengungen zu veranlassen", sieht Cansier (1981, S.200) das Hauptanwendungsgebiet haftungsrechtlicher Verschärfungen bei lokalen und kleinräumigen Umweltverschmutzungen ("Nachbarschaftsexternalitäten"), nicht aber bei allgemeinen, stetig fortschreitenden Verschmutzungsphänomenen, an denen viele Emissionsquellen und verschiedenartige Schadstoffe beteiligt sind.

M.E. unterschätzt jedoch Cansier die erheblichen Motivationseffekte einer Umkehr der Beweislast und damit der "Reallokation" umweltbezogener Risiken und überschätzt Probleme im Zusammenhang mit der Versicherbarkeit von Haftungsschäden. So sieht er die Versicherbarkeit von Umweltschadensrisiken als Begrenzung der

---

[46] Cansier (1981), S. 199.

allokativen Wirksamkeit des Haftungsrechts an.[47] Ebenso können jedoch solche Versicherungen als Beweis für die Furcht der Unternehmer vor (imageschädigenden und eventuell teuren) Haftungsprozessen gedeutet und als Transformation unbestimmter Risiken in kalkulierbare Versicherungsprämien gutgeheißen werden. Auch das von Cansier angesprochene Problem des "moral hazard" (Versicherter verringert nach Abschluß der Versicherung seine Anstrengungen zur Vermeidung von Umweltschäden) ist zweitrangig, wenn ein variabler Versicherungstarif ausgehandelt werden kann, in dem die Höhe der Prämien ähnlich wie bei Kfz-Versicherungen vom Ausmaß der zuvor nachweislich verursachten Versicherungsfälle abhängt.

Die große (Motivations)wirkung haftungsrechtlicher Verschärfungen zeigt sich besonders bei der Implementierung und im Vollzug im folgenden darzustellender umweltpolitischer Mischlösungen, in denen haftungsrechtliche Elemente mit Elementen "aktiver" Umweltpolitik kombiniert werden.

Umweltpolitische Mischlösungen

Die hier betrachteten Mischlösungen verbinden die Verschärfung haftungsrechtlicher Regelungen mit einer näherungsweise verursachungsgerechten Finanzierung geborener Staatsaufgaben im Umweltschutz. Statt einer allgemeinen Darstellung (auch der weiterreichenden Konsequenzen einer Verschärfung durch Umkehr der Beweislast) seien zwei konkrete Beispiele vorgestellt.

Interessant ist zum einen das von Weidner geschilderte japanische Entschädigungssystem für umweltbedingte Gesundheitsschäden[48].

---

[47] Vgl. Cansier (1981), S. 202ff.
[48] Vgl. Weidner (1985b), S. 114ff.

Für bestimmte gesetzlich festgelegte Gesundheitsbeein-
trächtigungen werden in Japan auf Antrag Entschädigungen gezahlt, die nach Ausmaß der Beeinträchtigung
gestaffelt sind. Die gesetzlichen Bestimmungen beziehen
sich dabei auf die Auswahl bestimmter umweltbedingter
Krankheiten (hauptsächlich Atemwegserkrankungen) und
bestimmter Belastungsgebiete, innerhalb derer ausgewählte Gruppen von Emittenten (insbesondere große Emittenten von Schwefeldioxid und Kfz-Halter) zur Finanzierung dieser Entschädigungszahlungen herangezogen
werden. Das Volumen des zur Finanzierung gebildeten
Fonds wird jedes Jahr auf der Grundlage der im Vorjahr
an staatlich anerkannte "Umweltverschmutzungsopfer"
gezahlten Kompensationen ermittelt, schwankt also jähr-
lich mit dem Ausmaß der staatlich anerkannten Gesundheitsschäden. Die Emittenten selbst sind - durch ihre
Vertreter in einer staatlich beaufsichtigten halb-
öffentlichen Körperschaft - für die Aufschlüsselung des
gesamten Fondsvolumens auf die einzelnen Emittenten und
für die Überweisung der Zahlungen zuständig. Dies senkt
die Verhandlungs- und Kontrollkosten der Aufteilung und
geordneten Abführung der vorgegebenen Gesamtsumme.

Das zweite Beispiel ist die US-amerikanische Altlasten-
Gesetzgebung[49]. Der "Comprehensive Environmental Response, Compensation and Liability Act" (CERCLA) regelt
die Einrichtung zweier Fonds zur Finanzierung von Aufgaben im Rahmen der Altlastensanierung. Der auf fünf
Jahre mit einem Volumen von 1,6 Mrd. US-$ ausgestattete
"Hazardous Substance Response Trust Fund" (Superfonds)
wird zum Teil aus Zuschüssen des Bundeshaushaltes,
überwiegend aber durch Steuern auf Produkte, die auf
Rohöl und anderen petrochemischen und anorganischen
Substanzen basieren, finanziert. Er dient der Sanierung
von Altdeponien. Der dem Volumen nach kleinere "Post
Closure Liability Trust Fund" wird durch (bei den De-

---

[49] Vgl. Müller (1985), und Hartje (1986).

poniebetreibern erhobene) Abgaben auf Sonderabfälle finanziert und tritt bei möglichen (unerwarteten) Gefährdungen durch Errichtung und Betrieb von Sondermülldeponien ein[50].

Beide skizzierten Regelungen enthalten haftungsrechtliche Verschärfungen, welche ein kooperatives Verhalten der betroffenen Industrie im Rahmen der geschilderten Gesetzgebung wesentlich erleichtern[51].

In Japan wurde die Etablierung des geschilderten Kompensationssystems vom Ausgang einiger Umweltverschmutzungsprozesse begünstigt. In diesen Prozessen wurden die im japanischen Haftungsrecht geforderten Schadens-, Kausalitäts-, Verursacher- und Schuldnachweise pragmatisch und zugunsten der Geschädigten ausgelegt. So wurde z.B. statt des strengen naturwissenschaftlichen Kausalitätsnachweises nur noch ein statistisch-epidemiologischer Nachweis verlangt, der zudem nicht in jedem Einzelfall, sondern nur einmal zu erbringen war[52]. Es ergingen strenge Urteile gegen mächtige Emittenten, die in den von diesen angestrengten Berufungsverhandlungen zum Teil noch deutlich verschärft wurden. Über jedem einzelnen Emittenten hing plötzlich das Damoklesschwert unzähliger Umweltverschmutzungsprozesse mit unklarem finanziellen Ausgang. Zunehmend war auch der Widerstand örtlicher Bürgergruppen gegen Industrieansiedlungen in ihren Gemeinden erfolgreich. In dieser Situation "fürchteten sich Regierung und Industrie nach erfolgreichem Ausgang der

---

[50] Vgl. Müller (1985), S. 3ff.

[51] Müller (1985) und Hartje (1986) sehen demgegenüber im "emittentenfreundlichen" deutschen Haftungsrecht eine Ursache für die streng ablehnende Haltung der deutschen Industrie gegenüber der Idee eines "Solidarfonds". Ohne ein entsprechendes Haftungsrecht scheint die Kooperationsbereitschaft der Industrie gering zu sein.

[52] Vgl. Weidner (1985a), S. 96ff.

Gerichtsverfahren vor dem Entstehen einer landesweiten Prozeßwelle gegen emittierende Anlagen aller Art" (Weidner, 1985b, S. 116). Etablierung und Vollzug des geschilderten, eigentlich "industriefeindlichen", jedoch Rechtssicherheit versprechenden Kompensationssystems stieß daraufhin nur auf geringe Widerstände.

Im amerikanischen Superfonds-Gesetz wurde in §107 eine gesamtschuldnerische Gefährdungshaftung für Abfallerzeuger, Abfalltransporteure, Deponiebetreiber und für Grundstücksbesitzer gegenüber der zur Sanierung von Altdeponien verpflichteten US-Regierung eingeführt[53]. Da die endgültigen Sanierungskosten zunächst oft unbekannt sind, erscheinen vertragliche Arrangements zwischen Industrie und Umweltbehörde günstig, in denen trotz unklarer Verursachung die Unternehmen die private Sanierung zusichern und die Umweltbehörde auf eine Schadensersatzklage (mit unklarem Ausgang) verzichtet[54]. Ohne besagte gesamtschuldnerische Gefährdungshaftung könnte die Industrie bereits bei der Untersuchung von Altdeponien, insbesondere aber bei Anerkenntnis der Verursachung jede Kooperation verweigern (gerichtliche Anfechtung jeder möglichen Kausalkette in der Begründung nachträglicher Anordnungen) und so die Umweltbehörde veranlassen, die fälligen Altlastensanierungen weitgehend aus dem (eigentlich nur für Fälle gänzlich ungeklärter Verursachung vorgesehenen) Fonds zu finanzieren. Auf diese Weise würde der Anteil gemeinlastfinanzierter Sanierungen steigen und der Fonds suboptimal genutzt. Die Verschärfung des Haftungsrechts bewirkt demgegenüber in Verbindung mit den erwähnten vertraglichen Arrangements zwischen Behörde

---

[53] Vgl. Hartje (1986), S. 11.

[54] Vgl. Hartje (1986), S. 13. Hartje schildert auch Probleme der Zug-um-Zug-Erfüllung solcher Verträge im Falle anfänglicher Unklarheit über die Höhe von Schäden bzw. Sanierungskosten.

und **Emittenten**, daß der Anteil der über den Fonds gemeinlastfinanzierten Sanierungen von Altdeponien sinkt.

b) Bewertung

Die soeben und in Abschnitt II.A.4. dargestellten Instrumente sind nun auf ihre Eignung zur Bewältigung komplexer Umweltprobleme zu untersuchen. Die Bewertung erfolgt weitgehend anhand des in Abschnitt II.A.4 vorgeschlagenen Kriterienkataloges.

Ökonomische Effizienz

Fragen nach der Kosteneffizienz der Emissionsreduktion bei verschiedenen umweltpolitischen Instrumenten wandeln ihren Charakter, wenn sie auf die wahre Gesamtemission E statt auf die inländisch steuerbare Emission (E_{1b}) bezogen werden[55]. Die bezüglich steuerbarer Emissionen bei einfachen Umweltproblemen zutreffende Behauptung, die marktwirtschaftlichen Instrumente hätten Effizienzvorteile gegenüber den einzelquellenbezogenen Auflagenlösungen, ist hinsichtlich der Breite der umweltpolitischen Bezugsgröße neu zu untersuchen.

Existieren für unterschiedliche Schadstoffe gesonderte GVK-Kurven[56], so lassen sich die GVK-Kurven in Abb.12a

---

[55] Da zudem die Reduktion von Emissionen allein noch keinen umfassenden Umweltschutz garantiert, wäre strenggenommen die Kosteneffizienz des Umweltschutzes auf Emissionsreduktion **und** auf Maßnahmen der Umweltreparatur zu beziehen, also über **alle** Umweltschutzaktivitäten zu definieren und anzustreben. Die mit einer solchen Erweiterung des Effizienzbegriffes auftauchenden methodischen und Informationsprobleme sind allerdings beträchtlich (es werden Kosten-Nutzen-Vergleiche zwischen schwer vergleichbaren Aktivitäten erforderlich), weshalb im folgenden der auf Emissionsreduktionen bezogene Effizienzbegriff beibehalten wird.

[56] Herz, Schön (1987) ermitteln separate GVK-Kurven für die Schadstoffe SO_2 und NO_x und untersuchen auch mögliche trade-offs bei der gemeinsamen Minderung beider Schadstoffe (vgl. ebenda, Bild 2, S. 12).

(12b) auf die Beseitigung von Schadstoff E_1 (E_2) bezogen interpretieren. Anhand der Abbildungen 12 (S. 119) und 14 (S. 160) läßt sich nun der wesentliche Gedanke zur Kosteneffizienz der Emissionsreduktion erklären. Welcher Punkt auf der "Isoreduktionskurve" DF in Abb. 14 ist effizient? Eine kosteneffiziente Reduktion der Gesamtemission (E_1*, E_2* in Abb.12) läßt sich eher durch eine alle Einzelschadstoffe etwa gleichmäßig erfassende Reduktionsanstrengung (vgl. auch Punkt F in Abb.14) als durch Konzentration auf die Reduktion einiger Schadstoffe bei gleichzeitiger Vernachlässigung der Vermeidung anderer Schadstoffe (vgl. Punkt D in Abb.14) erreichen. Letzteres wäre mit Effizienzverlusten der in Abb.12 geschilderten Art verbunden. Je breiter die in Abb.14 ablesbare Reduktionsfläche, desto effizienter ist somit das jeweils zugrundeliegende umweltpolitische Instrument bezogen auf die **gesamte** Emissionsreduktion. Zwar läßt sich eine effiziente Aufteilung bezüglich der Vermeidung unterschiedlicher Emissionen nicht "punktgenau" angeben, die völlige Konzentration der Reduktion auf nur einige Schadstoffe ist jedoch bei zunehmenden Grenzkosten der schadstoffspezifischen Emissionsvermeidung (bzw. konvexer Isoreduktionskurve) sicherlich ineffizient. Ein weites Feld zusätzlicher Effizienzgewinne würde sich demgegenüber eröffnen, wenn Emissionsreduktionen nicht mehr schadstoffspezifisch sondern nach Wirkungskategorien angestrebt würden[57]. Das Kriterium der reduktionsbezogenen Kosteneffizienz ist bei der umweltpolitischen Beurteilung also nun mit Vorsicht zu genießen.

---

[57] Statt der Hydra Umweltbelastung einen Kopf (z.B. SO_2) möglichst elegant abzuschlagen, muß der ganze Kampf möglichst kraftsparend (effizient) gewonnen werden! Keinesfalls effizient ist es freilich, sich ohne Orientierung über die Größe der Hydra mit Hingabe der Reduktion des "erstbesten" Schadstoffes zu widmen.

Die ökonomische Effizienz der auf die wahre Gesamtemission bezogenen jeweils induzierten Emissionsreduktion kann nicht mehr unabhängig von der Frage nach deren struktureller dynamischer Anreizwirkung beurteilt werden. Ein Instrument, welches überwiegend integrierten umwelttechnischen Fortschritt induziert, hat wegen der - bezogen auf die Gesamtemission - breiteren Wirkung integrierter Emissionsvermeidung[58] zugleich Effizienzvorteile gegenüber einem Instrument, welches hauptsächlich (engen) additiven umwelttechnischen Fortschritt induziert. Daher seien die dargestellten Instrumente nicht einzeln auf (erweiterte) Effizienz, sondern sofort auf ihre dynamische Anreizwirkung untersucht[59].

Dynamische Anreizwirkung

Bei komplexen Umweltproblemen kommt den dynamischen und auslandsbezogenen Effekten nationaler Umweltpolitik zentrale Bedeutung zu. Ungeachtet der in Abschnitt II.B.2 beschriebenen direkten Staatsaktivitäten zur Förderung der umwelttechnischen Entwicklung sind auch die beschriebenen umweltpolitischen Instrumente hinsichtlich Niveau und Qualität des im Inland induzierten (und damit für die internationale Verbreitung verfügbaren) umwelttechnischen Fortschritts zu beurteilen. Neben dem absoluten Gewinnanreiz zur Innovation (Gewinnflächen in Abb.13) ist dabei auch der auf die Technologiestruktur bezogene relative Gewinnanreiz wichtig, die Frage also, inwieweit das jeweils politisch geschaffene "Anreizprofil" speziell die Einführung integrierter

---

[58] Vgl. Abschnitt I.D.2.

[59] Zusätzliche Schwierigkeiten bereitet die Beurteilung der ökonomischen Effizienz von Mischlösungen. Hier ist die Effizienz aktiver staatlicher Maßnahmen (vgl. Müller, 1985, S. 6f., und Hartje, 1986, S. 8f.) und die Effizienz der durch die Methode ihrer Finanzierung induzierten Emissionsreduktion zu unterscheiden.

statt additiver umwelttechnischer Neuerungen begünstigt
(qualitative Dimension der dynamischen Anreizwirkung).

Die mit **Auflagenlösungen** verbundene emissionsquellen-
und schadstoffbezogene Detailsteuerung begünstigt zumeist additiven umwelttechnischen Fortschritt.

Schadstoffspezifische Auflagen ohne expliziten Techno-
logiebezug begünstigen oft solche (additiven) Neuerungen, deren Reduktionsprofil zum zumeist engen Anforde-
rungsprofil der Auflage "paßt". Die (teure und zeitauf-
wendige) Entwicklung neuartiger integrierter Technologie mit breitem "Reduktionsprofil" wird aufgrund
solcher Auflagen kaum vorangetrieben.

Technologiespezifische Auflagen werden aus Gründen
technischer Einheitlichkeit eher für additive als für
integrierte Vermeidungstechnologien formuliert. Integrierte Technologien sind dagegen - weil vergleichsweise spezifisch - als Grundlage allgemeiner Regu-
lierungsvorschriften weniger geeignet. Anlagebezogene
Grenzwerte werden wegen deren spezifischer auf die existierende Produktionsanlage bezogene Formulierung eher
durch neuartige Filter als durch ganz neue Produktionsprozesse eingehalten. Auch der Stand der Technik kann
bei additiven Technologien wegen der besseren Übertragbarkeit einer "erfolgreichen Anwendung im Betrieb" aus
Sicht der Genehmigungsbehörde viel leichter festge-
stellt und fortgeschrieben (d.h. Verschärfung entsprechender Auflagen) werden als bei integrierten umwelttechnischen Neuerungen[60]. Die erfolgreiche Erprobung im

---

[60] Die Legaldefinition des Standes der Technik in § 3,6
BImSchG bestätigt diese Sicht: "Stand der Technik im
Sinne dieses Gesetzes ist der Entwicklungsstand
fortschrittlicher Verfahren, Einrichtungen oder
Betriebsweisen, der die praktische Eignung einer
Maßnahme zur Begrenzung von Emissionen gesichert
erscheinen läßt. Bei der Bestimmung des Standes der
Technik sind insbesondere vergleichbare Verfahren,

Betrieb ist bei nachgeschalteten Reinigungsanlagen zudem viel risikoloser (fallen sie aus, kann die Produktion selbst ungestört weiterlaufen)[61] - ein weiterer Grund für die Regulierungsbehörde, den Stand der Technik eher in additiver als in integrierter Richtung fortzuschreiben.

Insgesamt lassen sich Auflagen also für additive Vermeidung in der Regel am leichtesten formulieren, umsetzen und kontrollieren. Das Spektrum der umwelttechnologischen Entwicklung wird deshalb durch Auflagen vermutlich in eine "additive Richtung" gelenkt[62].

Die in Abschnitt II.A.4 erläuterten Vorbehalte gegenüber Auflagenlösungen wegen deren geringer innovatorischer Dynamik werden hier also ergänzt um Vorbehalte hinsichtlich der (negativen) Struktur des auflagetypischen Anreizprofils[63]. Auflagenorientierte Umweltpolitik nach der "command-and-control-strategy" lenkt den (ohnehin kümmerlichen) umwelttechnischen Fortschritt eher in eine additive als in eine integrierte Richtung.

Eine geringere "Verzerrung" des umweltbezogenen Fortschrittsspektrums tritt bei den indirekten "marktwirtschaftlichen" Instrumenten auf. Diesbezügliche Unterschiede betreffen die dynamischen Sekundäreffekte sowie die Zeitstruktur von Kosten und Erträgen bei Einsatz additiver bzw. integrierter Vermeidungstechnologie in Verbindung mit der Unsicherheit über die künftige Umweltpolitik.

Einrichtungen oder Betriebsweisen heranzuziehen, die mit Erfolg im Betrieb erprobt worden sind."

[61] Bei integrierten Technologien ist dagegen bei einem Ausfall zugleich die gesamte Produktion lahmgelegt. Vgl. Hartje, Lurie (1984), S. 17ff.

[62] Vgl. auch Endres (1985), S. 68.

[63] Damit ist zugleich auch die (erweiterte) Effizienz von Auflagenlösungen als gering anzusehen.

Die Zertifikatelösung hat, so die Argumentation in Abschnitt II.A.4, aufgrund der Selbstbeschränkung auf die Einhaltung vorgegebener Umweltstandards einem weitergehende Innovationen hemmenden Effekt. Bei Vorliegen komplexer Umweltprobleme sind die in Abschnitt II.A.4 beschriebenen weitergehenden Emissionsreduktionen erwünscht, die Abgabenlösung mithin dynamisch vorteilhaft.

Die angesprochenen zeitlichen Unterschiede bei der Nutzung verschiedener Vermeidungstechnologien bewirken, so ist nun zu zeigen, bei **Zertifikatelösungen** einen stärkeren "bias" zugunsten additiver Umwelttechnologie als bei **Abgabelösungen**.

So fördert bei Zertifikatelösungen die Beschneidung des zeitlichen Reaktionsspielraumes die Diffusion vorwiegend additiver Technologien, damit eine "Verfestigung" der technologischen Entwicklung auf dem additiven Ast[64]. Sind neue integrierte emissionssenkende Technologien absehbar, aber noch nicht verfügbar, so muß zum Zeitpunkt der Erstausgabe (der Verschärfung) eines Emissionsrechtekontingentes oder auch bei einer plötzlichen Verknappung von Emissionsrechten im Zuge eines (unerwarteten) Konjunkturaufschwungs die Emission sofort, d.h. unter Rückgriff auf bereits verfügbare Technologien gesenkt werden. Wegen des individuellen Designs und der langen Vorlaufzeit integrierter Technologien sind diese zum Zeitpunkt der erzwungenen Anpassung zwar oft bekannt, aber noch nicht verfügbar, so daß der Zwang zur augenblicklichen Emissionsdrosselung zumeist additive Emissionsreduktionstechnologien begünstigt. Insofern kann bei der Zertifikatelösung vom Zwang zur vorschnellen Lösung gesprochen werden. Dieser Nachteil kann selbst durch zwischenzeitlich großzügigere Kontingentierung (und damit

---

[64] Vgl. Walter, J. (1987b), S. 202.

temporäre Verfehlung des Umweltstandards) nur gemildert werden. Eine Umweltabgabe läßt dagegen den Emittenten die Freiheit der eigenständigen Wahl des Zeitpunktes der technologischen Anpassung. Die "Vertagung" der Entscheidung (und damit eine langfristig orientierte Technologiewahl) ist möglich.

Eine weitere Erklärung für die beschriebenen Unterschiede hinsichtlich der induzierten Technologiestruktur liegt in einer bei Abgabenlösungen und Zertifikatelösungen unterschiedlich ausgeprägten umweltpolitischen Unsicherheit. Da wegen hoher Planungs-, Ausreifungs- und Umsetzungszeiten umweltbezogene Investitionsentscheidungen der Periode der Emissionsreduktion zeitlich weit vorgelagert sind, reagiert die Verwirklichung solcher Investitionsvorhaben vergleichsweise empfindlich auf umweltpolitische Unsicherheiten.

Der Einfluß umweltpolitischer Unsicherheit auf die gewählte Emissionsvermeidungstechnologie sei am Beispiel eines Emittenten betrachtet, dem zur Emissionsreduktion zwei vergleichbare Investitionsobjekte zur Verfügung stehen. Die Investition x (Investition y) verkörpere integrierten (additiven) umwelttechnischen Fortschritt bei hohem (niedrigem) Investitionsvolumen und langer (kurzer) geplanter Nutzungsdauer und ermögliche in Periode t_2 (t_1) eine Emissionsreduktion dE_{2x} (dE_{1y}). Diese zeitliche Asymmetrie der unterstellten Nutzbarkeit der Investitionen soll die bei integrierten Investitionen vergleichsweise langen Vorlauf- und Umrüstzeiten zum Ausdruck bringen. Der Emittent erwartet in der Periode t_1 (t_2) den umweltpolitisch fixierten Emissionspreis p_1 (p_2). Der Kapitalwert der beiden Investitionen ermittelt sich gemäß der Zahlungsreihen:

$$(34) \quad C_x = -A_{0x} + p_2 \cdot dE_{2x} \cdot (1+i)^{-2}$$

$$(35) \quad C_y = -A_{0y} + p_1 \cdot dE_{1y} \cdot (1+i)^{-1}.$$

Die Investition x mit integriertem umwelttechnischem Fortschritt sei in der Anschaffung teurer als Investition y $(A_{0x} > A_{0y})$[65], es bestehe aber bei dem zunächst unterstellten Kalkulationszinsfuß Indifferenz zwischen den beiden Investitionsalternativen zur Emissionsreduktion $(C_x = C_y)$, d.h. die höhere Anschaffungsauszahlung bei Investition x wird durch einen höheren Gegenwartswert der "Einnahmen" aus ersparten Abgabenzahlungen der insofern effektiveren Investition y ausgeglichen.[66]

Besteht bei freier Wahl zwischen den beiden Investitionsalternativen Unsicherheit über die künftige Umweltpolitik (d.h insbesondere: Unsicherheit über die Höhe der Preise p_1 und p_2) und steigt zudem diese (Preis)Unsicherheit mit der zeitlichen Distanz vom Entscheidungszeitpunkt t_0, so wird ein risikoscheuer Emittent den Kalkulationszinssatz, mit dem er bei beiden Investitionsalternativen den Gegenwartswert künftiger Einsparungen ermittelt, um einen risiko-

---

[65] Integrierte umwelttechnische Neuerungen erfordern zumeist eine "produktionsentscheidendere" Investition als additive Neuerungen und verkörpern somit ein vergleichsweise höheres Risiko (vgl. Hartje, Lurie, 1984).

[66] Zur formalen Darstellung der zuvor angesprochenen zeitlichen Asymmetrie (Zwang zur vorschnellen Lösung) ist Gleichung (34) "zeitlich zu verschieben":

$$(34a) \quad C_x = -A_{1x} \cdot (1+i)^{-1} + p_3 \cdot dE_{3x} \cdot (1+i)^{-3}.$$

Muß die Investition in t_0 erfolgen, steht somit nur Alternative y zur Verfügung, die additive Technologie wird begünstigt. Ist dagegen eine "Vertagung" der Entscheidung auf t_1 möglich, so steht auch die Alternative x zur Verfügung.

bedingten Aufschlag erhöhen.[67] Die Gleichungen (34) und
(35) zeigen, daß dieser Risikozuschlag zum Kalkulationszinssatz die Investitionsalternative x mit dem
längeren Zeithorizont "benachteiligt", statt Indifferenz besteht nun eine Präferenz für die
Alternative y ($C_x < C_y$). Somit werden bei umweltpolitischer Preisunsicherheit und Risikoscheu additive
Vermeidungsinvestitionen mit relativ kurzer Amortisationsdauer und additiver umwelttechnischer Fortschritt
gegenüber langlebiger integrierter Umwelttechnologie
begünstigt.

Diese Argumentation enthüllt eine eigenständige ökonomische Bedeutung der Frage nach der Vorankündigung
von politisch fixierten Emissionspreisen. Der umweltpolitische "bias" zugunsten integrierter umwelttechnischer Entwicklung ist um so stärker, je sicherer
künftige Emissionspreise in den Augen der Emittenten
sind. Das Instrument mit der diesbezüglich geringsten
Unsicherheit hat somit auch die "qualitativ besten"
dynamischen Anreizwirkungen. Die Flexibilität von
Emissionspreisen ist also bei komplexen Umweltproblemen
(anders als bei einfachen Umweltproblemen) als Nachteil
aufzufassen.

Bei **Zertifikatelösungen** existiert eine größere Unsicherheit über die Entwicklung der Zertfikatepreise als

---

[67] Sinn (1980, S. 53ff.) bezeichnet die Annahme der
Risikoscheu als einzig relevante Annahme. Selbst ein
dynamischer Pionierunternehmer, der unter Inkauf-
nahme von Unsicherheit und Risiko neue Gewinnmög-
lichkeiten eröffnet, kann als im Grunde risiko-
scheues Individuum interpretiert werden. Auch er
zöge wohl einen sicheren Gewinn einem gleich hohen
unsicheren Gewinn vor, auch seine "Gewinn-Risiko-
Indifferenzkurve" ist demnach positiv geneigt. Durch
seine Dynamik und Kreativität erschließt er jedoch
superiore Gewinn-Risiko-Kombinationen, die für
"statische Wirte" unerreichbar sind und erscheint so
als risikofreudiges Individuum.

bei **Abgabenlösungen**[68]. Insbesondere besteht das Risiko fallender Zertifikatepreise gerade als Folge erfolgreicher umwelttechnischer Entwicklung. Investoren, deren geplanter Ertrag in der künftigen Veräußerung von Zertifikaten besteht, sind diesem Risiko umso stärker ausgesetzt, je größer der zeitliche Abstand zwischen Anschaffungsausgaben und reduktionsbedingten Erträgen ist. Präferiert werden daher vermutlich Investitionen mit kurzer umweltbezogener Amortisationsdauer - zumeist additive Emissionsvermeidung (Investition y statt Investition x).

Die Abgabenlösung verspricht demgegenüber wegen der vergleichsweise geringen Unsicherheit über die künftige Höhe umweltpolitisch vorgegebener Emissionspreise somit eine umwelttechnische Dynamik ohne diesen "bias" zugunsten additiver Technologie zu induzieren.

Umweltpolitische Unsicherheit kann sich allerdings auch auf die Breite des umweltpolitischen Eingriffs beziehen. Hier begünstigt die Unsicherheit die Entwicklung und Anwendung integrierter Vermeidungstechnologie. So ist aus Sicht der Emittenten die "Wirkungsbreite" **haftungsrechtlicher** Verschärfungen nur schwer abschätzbar. Da auch alle ex post als schädlich erkannte Schadstoffemissionen der Haftpflicht unterworfen werden können (allg. Produzentenhaftung), sind partielle (additive) Emissionsreduktionsmaßnahmen plötzlich wenig attraktiv. Stets ist ja zu befürchten, daß sich Haftungsansprüche auch auf die Folgen nicht reduzierter Emissionen beziehen und daß sich durchgeführte Emissionsreduktionen im nachhinein als schadstoffbezogen zu eng erweisen. Diese Risiken sind demgegenüber bei umfassenden Reduktionsmaßnahmen mit integrierter Vermeidungstechnologie geringer. Entsprechende haftungsrechtliche Regelungen fördern somit bei derartiger

---

[68] Vgl. Walter, J. (1987b), S.201 und Abschnitt II.A.4.

umweltpolitischer Unsicherheit die Neigung der Emittenten zum Einsatz integrierter statt additiver Emissionsreduktionstechnologie.

Die unterschiedliche Breite der durch Einsatz additiver
statt integrierter Umwelttechnologie erzielbaren Emissionsreduktion kommt in den einfachen Zahlungsreihen
der Gleichungen (34) und (35) nicht zum Ausdruck. Dieser Unterschied wäre in Gleichung (34) durch Addition
eines zusätzlichen Terms $p_2 \cdot dE_{u2x} \cdot (1+i)^{-2}$ für die bislang unbekannten Emissionen bei Einsatz der in Investi-
tion x verkörperten additiven Technologie kenntlich zu
machen. Ausgehend von einem Zustand der Indifferenz
zwischen den beiden Investitionsalternativen bewirkt
die Berücksichtigung dieses Zusatzterms eine Präferenz
für die Investition x, welche integrierten umwelttechnischen Fortschritt verkörpert ($C_x > C_y$). Da haftungsrechtliche Regelungen die latente Drohung der Bestra-
fung zu enger Drosselungsaktivität enthalten, den
zusätzlichen Term den Emittenten also "bewußt machen",
induzieren sie tendenziell eine umfassendere Emissionsreduktion und somit eine bessere Struktur umwelttechnischer Entwicklung als die übrigen, nur auf bekannte
Emissionen bezogenen Instrumente[69].

Bei Unsicherheit über die "Breite" des umweltpolitischen Eingriffs sind allerdings neben diesen erwünschten auch unerwünschte Folgen zu beachten. Der
geschilderten erwünschten dynamischen Anreizwirkung
unsicherer Schadensersatzansprüche ist das gestiegene
allgemeine Risiko wirtschaftlicher Betätigung (Wicke,

---

[69] Die Vernachlässigung dieses zusätzlichen Terms
($p_2 = 0$) unterstellt demgegenüber eine falsche Sicher-
heit bezüglich der "Vollständigkeit" aktueller Umweltpolitik und Emissionsreduktion und vernachlässigt die Gefahr umweltpolitischen "Nachstückelns". Insofern scheinen haftungsrechtliche Regelungen wegen der hinsichtlich unklarer Emissionen
hohen "Breitenwirkung" dynamische Vorteile (und
damit auch Effizienzvorteile - s.o.) zu haben.

1982, S. 129) und die daraus folgende Verunsicherung der Wirtschaftssubjekte mit negativer Wirkung auf die ökonomische Aktivität (Siebert, 1986, S. 21) gegenüberzustellen. Die umweltpolitische Kunst der Anwendung des Haftungsrechts besteht angesichts dieser divergierenden Wirkungen umweltpolitisch bedingter Unsicherheit darin, "eine vom Verursacher nicht vorhersehbare, häufige Variation von Schadenszuweisungen möglichst zu vermeiden und für eine Stetigkeit des institutionellen Rahmens zu sorgen" (Siebert, 1986, S. 29), z.B. durch "Zähmung" einer reinen Haftungslösung im Gewand einer Mischlösung nach Art des japanischen Kompensationssystems oder durch Förderung der Versicherbarkeit von Haftungsrisiken[70].

Ökologische Wirksamkeit und Wohlfahrtswirkung

Die Eignung eines umweltpolitischen Instrumentes, einen vorgegebenen Emissionswert sicher zu realisieren, darf angesichts der bei komplexen Umweltproblemen hohen Diskrepanz zwischen steuerbaren und insgesamt umweltwirksamen Emissionen nicht allein hinsichtlich der steuerbaren Emissionen untersucht werden. Die in Abschnitt II.A.4 konstatierte hohe ökologische Wirkungssicherheit

---

[70] So könnten Betreiber kerntechnischer Anlagen zur Finanzierung eines Fonds herangezogen werden, dessen Gesamtvolumen von den der Gesellschaft auferlegten Kosten der Entsorgung von Kernbrennstoffen abhängt, wobei die individuellen Beiträge gestaffelt nach der Gefährlichkeit einzelner kerntechnischer Anlagen (Risikoklassen) erhoben werden könnten. Geschickt ausgestaltete Versicherungstarife würden allgemein mit der Breite des emittierten Schadstoffspektrums variieren (analog zu den mit der PS-Zahl variierenden Tarifen bei Kfz-Versicherungen). Durch eine umfassende Emissionsreduktionsmaßnahme könnte ein Emittent dann eventuell eine günstigere Tarifklasse erreichen, was zu integrierten Emissionsreduktionsmaßnahmen anregen würde. Zugleich bliebe jedoch die Belastung durch die Versicherungsprämie kalkulierbar.

von Auflagen- und Zertifikatelösungen ist somit unter
diesem Aspekt zu relativieren.

Bezüglich der Beeinflussung zunächst unbekannter Emissionen haben **haftungsrechtliche Regelungen** die größte
Wirkung, da auch nachträglich erkannte Schadensfälle,
soweit sich deren Verursachung im nachhinein re-
konstruieren läßt, einer Haftung unterworfen werden
können. Dieser Vorteil bezieht sich allerdings nur auf
die grundsätzliche Wirkung, nicht auf eine (in Abschnitt II.A untersuchte) ökologische Treffsicherheit.
Allenfalls zufällig bewirkt nämlich eine Verschärfung
haftungsrechtlicher Bestimmungen die Realisierung bestimmter angestrebter Emissionszielwerte.

Auch bezüglich (mittelbar beeinflußter) ausländischer
Emissionen kann allenfalls die grundsätzliche Wirksamkeit untersucht werden. Die auslandsbezogene Wirkung
umweltpolitischer Instrumente läßt sich allerdings
nicht isoliert von Fragen der umwelttechnischen Entwicklung beurteilen. Instrumente, die die inländische
umweltbezogene Dynamik hinsichtlich Niveau und Struktur
am besten fördern, haben mittelbar auch den stärksten
Auslandseffekt[71].

Der beschriebene Bedeutungswandel des Kriteriums ökologischer Treffsicherheit beeinflußt auch die Bedeutung
der Frage nach der wohlfahrtsbezogen "optimalen"
Intensität umweltpolitischer Eingriffe. Kann kein sinn-
voller Gesamtemissionszielwert vorgegeben werden, existieren auch keine "optimalen" Emissionspreise (-stan-
dards) zur Realisierung dieses Zielwertes. Einerseits
wachsen mit steigendem Emissionspreis (mit knapperem
Standard) die in Abb.13 (S. 121) eingezeichneten Ge-
winnfelder, mithin die jeweiligen dynamischen Anreize.

---

[71] Die Auslandswirkung einzelner umweltpolitischer Instrumente hängt zudem von den ergriffenen Maßnahmen
aktiver Umweltpolitik ab (vgl. Abschnitt II.B.2).

Andererseits werden mit steigendem Emissionspreis (schärferem Standard) zunehmend auch unerwünschte Ausweichreaktionen interessant (z.B. Produktionsverlagerung ins umweltpolitisch "lasche" Ausland), die bei niedrigeren Emissionspreisen wegen ihrer hohen Fixkosten nicht lohnen würden. Spätestens wenn der umweltbezogene Kostenblock die Rentabilität der gesamten Produktion in Frage stellt, ist die umweltpolitische Schraube "überdreht".

Der dynamisch richtige Emissionspreis (Standard) liegt somit einerseits über der kostenbezogenen "Fühlbarkeitsschwelle", ist andererseits aber so niedrig, daß unerwünschte Ausweichreaktionen nicht in größerem Ausmaß rentabel werden. Da die Kostenstrukturen einzelner Emittenten stark divergieren, kann ein einheitlicher Emissionspreis bei einzelnen Emittenten "dynamisch zu niedrig" und zugleich bei anderen Emittenten "dynamisch zu hoch" sein. Dynamische Optimalität ist also ein relativer Begriff. Die "punktgenaue" Angabe eines aus dynamischer Sicht optimalen Emissionspreises (beziehungsweise eines dynamisch optimalen Emissionspreispfades) ist praktisch unmöglich. Allenfalls können Kriterien für das Vorliegen eines eindeutig zu niedrigen Emissionspreises (unbefriedigende umwelttechnische Dynamik) oder eines eindeutig zu hohen Emissionspreises (z.B. Häufung unerwünschter Ausweichreaktionen) angegeben werden. Angesichts der hohen Bedeutung umwelttechnologischer Struktur und Entwicklung verlieren somit theoretische Fragen der wohlfahrtsbezogenen Treffsicherheit umweltpolitischer Instrumente (vgl. Abschnitt II.A.4) an Relevanz.

Struktur- und Wettbewerbseffekte

Die in Abschnitt II.A.4 vorgenommene Beurteilung strukturpolitischer Nebenwirkungen der Anwendung umweltpolitischer Instrumente ist hier um eine entsprechende

Beurteilung der strukturellen Wirkung verschiedener umwelttechnologischer Entwicklungen zu ergänzen.

Eine überwiegend additive umwelttechnische Entwicklung ist wegen des Entstehens einer labilen, gegenüber "wechselhafter" staatlicher Umweltgesetzgebung äußerst empfindlichen Umweltschutzindustrie wettbewerbspolitisch nachteilig. Einerseits versucht die von der stabilen Fortschreibung staatlicher (auflagenorientierter) Umweltpolitik stark abhängige Branche vermutlich, im politisch-ökonomischen Kräftefeld zugunsten additiver Vermeidungstechnologien, auf welche sie spezialisiert ist[72], Einfluß zu nehmen. Andererseits führt gerade die mit enger additiver (unvollständiger) Emissionsreduktion verbundene Notwendigkeit zu häufigem umweltpolitischen "Nachstückeln" zu einer Planungsunsicherheit, die eher kleine, schlecht informierte Emittenten als große Emittenten, die frühzeitig über Insiderinformationen verfügen, belastet[73].

Integrierte Umweltschutztechnologien werden demgegenüber wegen ihres unmittelbaren Produktionsbezuges eher von etablierten Investitionsgüterherstellern produziert, bei überwiegend integrierter Emissionsreduktion gedeiht somit eine eng spezialisierte und durch umweltpolitisches Nachstückeln "verwundbare" Umweltschutzindustrie wohl weniger gut, die Branchenstruktur entwickelt sich "gesünder". In diesem Fall wird

---

[72] Entsprechende Anhörungen im Vorfeld geplanter Auflagenregelungen bieten ein gutes Forum entsprechender Einflußnahme für Vertreter der "Entsorgungsindustrie".

[73] Andreas (1987, S. 39f.) schildert die drastischen Folgen derartiger umweltpolitischer Kehrtwendungen für unglücklich spezialisierte Zulieferer spezieller Emittenten, aber auch für eine unglücklich spezialisierte Umweltschutzindustrie: "Ein Wort in den Medien über irgendeinen Schadstoff und seine potentielle Gefährlichkeit genügt oft, um ganze Entwicklungen zu stoppen, um auch Branchen sterben zu lassen."

aufgrund breiterer Emissionsreduktion zudem umweltpolitisches Nachstückeln seltener erforderlich sein.

Zunächst als wettbewerbskonform einzustufende umweltpolitische Instrumente verlieren somit insgesamt an wettbewerbspolitischem "Appeal", wenn sie eine überwiegend additive umwelttechnische Entwicklung und damit das Entstehen einer struktur- und wettbewerbspolitisch wenig attraktiven Entsorgungsindustrie fördern. Demgegenüber sind z.B. **Abgaben- und haftungsrechtliche Lösungen** in dieser erweiterten Perspektive als "wettbewerbskonform" einzustufen.

Ordnungskonformität

Im Gegensatz zu den in Abschnitt II.A.4 dargestellten, ordnungspolitisch sämtlich nicht unbedenklichen Instrumenten zur Emissionsreduktion kann die Verschärfung des **Haftungsrechts** als ordnungskonformes umweltpolitisches Instrument bezeichnet werden. Hier kann die weitgehende Internalisierung externer Emissionseffekte gelingen, ohne daß über eine rechtliche Rahmensetzung hinaus staatliche Eingriffe erforderlich werden.

Schwieriger ist die Finanzierung der Sanierung von Altlasten zu beurteilen. Durch die Belastung einer mutmaßlichen Verursachergruppe (SO_2-Emittenten, Deponiebetreiber) im Rahmen einer umweltpolitischen **Mischlösung** wird mit einem "Verursacherprinzip auf Branchenebene" zumindest partielle Verursachungsgerechtigkeit erzielt[74]. Allerdings entstehen Ungerechtigkeiten aufgrund von Pauschalierungen ("die chemische Industrie"), welche gerade die weniger umweltbelastend produzierenden Branchenmitglieder benachteiligen. Dieses Problem tritt bei Finanzierung aus allgemeinen Haushaltsmitteln nicht auf.

---

[74] Vgl. Hartje (1986), S. 5ff. und die Ausführungen zum japanischen Kompensationssystem.

Im übrigen ist den entsprechenden Ausführungen des Abschnitts II.A.4 nichts hinzuzufügen.

Die Ausführungen zur Beurteilung umweltpolitischer Instrumente zur emissionsbezogenen Steuerung angesichts komplexer Umweltprobleme lassen zusammenfassen zu

Gegenthese 3: Die Beurteilung umweltpolitischer Instrumente indirekter Steuerung hat bei komplexen Umweltproblemen vor allem hinsichtlich ihrer Wirkung auf die Struktur der umwelttechnischen Entwicklung zu erfolgen. Die Berücksichtigung dieser Strukturwirkungen wertet die Abgabenlösungen auf und läßt insbesondere umweltbezogene Verschärfungen des Haftungsrechts als geeignetes umweltpolitisches Instrument erscheinen.

Die Politik emissionsbezogener Steuerung ergibt angesichts komplexer Umweltprobleme allerdings nur in Verbindung mit aktiver staatlicher Förderung der Entstehung und Verbreitung moderner integrierter Umwelttechnologien einen Sinn.

5. Politische Durchsetzbarkeit der innovationsorientierten Umweltpolitik

Insbesondere die Finanzierung der im Rahmen innovationsorientierter Umweltpolitik geforderten zusätzlichen umweltbezogenen Staatsaktivität und der Übergang auf die spezielle Förderung integrierter Technologien zur Emissionsvermeidung werden vermutlich politisch schwer durchzusetzen sein[75].

---

[75] In der Praxis spielt auch die politische Auslandsverflechtung eine Rolle. Aktive bundesdeutsche Umweltpolitik (Forschungs- und Technologieförderung) stößt z.B. angesichts der Harmonisierungsbemühungen innerhalb des EG-Rechts möglicherweise auf geringere Widerstände als eine Umweltpolitik der indirekten Steuerung. Manchmal können sogar freiwillige Vereinbarungen mit der Industrie am wirkungsvollsten sein, bevor es gelingt, bundesdeutsche Umweltstandards europaweit verbindlich zu machen.

Die geforderte zusätzliche Staatsaktivität ist angesichts des Diktats der leeren (öffentlichen) Kassen nur gegen den Widerstand derjenigen Gruppen durchzusetzen, die bei einer entsprechenden Umwidmung öffentlicher Mittel Verzicht leisten müssen, ferner sind ordnungspolitische Bedenken zu erwarten. Obwohl die vorgeschlagene Konzeption, wie angedeutet, innerhalb einer marktwirtschaftlichen Ordnung die größte Wirkung verspricht, könnte deren "Interventionslastigkeit" zu Mißdeutungen Anlaß geben.

Die Änderung der umwelttechnologischen "Stoßrichtung" der Umweltpolitik wird insbesondere dann auf Widerstand stoßen, wenn die umwelttechnologische Entwicklung bereits auf einem additiven Ast des technologischen Stammbaums verläuft. So ist z.B. eine Umwidmung bedeutender Mittel des Forschungsministeriums nicht ohne den Widerstand betroffener Industrien (und Regionen) denkbar. Ein entsprechender Übergang liegt dann weder im Interesse der Anwender, noch der Hersteller und Entwickler überwiegend additiver neuer Technologien. Sogar die in der Umweltschutzindustrie beschäftigten Ingenieure, die aufgrund ihrer Ausbildung den Vorzug integrierter Emissionsvermeidung klar erkennen, haben daher möglicherweise ein Interesse an der Weiterentwicklung additiver Emissionsreduktionstechnologien.[76]

Für die wenig informierte Öffentlichkeit sind nachgeschaltete, offenbar ausschließlich dem Umweltschutz dienende Reinigungsanlagen (Klär- und Entschwefelungsanlagen) viel eindrucksvoller als ebenso wirksame, in den Produktionsprozeß integrierte Verbesserungen, welche sich jedoch der intuitiven Erfaßbarkeit entziehen.

Diese Außenwirkung erschwert möglicherweise die Einführung solcher umweltpolitischer Instrumente, deren

---

[76] Vgl. Pöggeler (1987), S. 61f.

Design (breite Bezugsbasis, wenig Ausweichmöglich-
keiten) speziell auf die Förderung integrierter Emissionsvermeidung zugeschnitten ist.

Diese Hindernisse können wiederum nur durch das
Engagement einer umweltpolitisch aufgeklärten Öffentlichkeit überwunden werden, die an einer wahrhaft
effektiven Umweltpolitik interessiert ist. Ein solches
Engagement kann, so das aus der geschilderten japanischen Entwicklung zu ziehende erfreuliche Fazit, die
Kooperationsbereitschaft von Politikern und Industrie
zur Durchsetzung einer innovationsorientierten Umweltpolitik erheblich steigern, möglicherweise auch eine
Förderung integrierter Umwelttechnologien erleichtern.

Die wichtigste Voraussetzung für eine grundsätzliche
politische Akzeptanz der beschriebenen innovationsorientierten Umweltpolitik besteht somit in der Erkenntnis der tatsächlichen Komplexität von Umweltproblemen. Nur wenn (im Inland) den drohenden Umweltgefahren ein genügender Stellenwert beigemessen wird und
wenn (im Inland) Einigkeit darüber besteht, daß es mit
der Lösung einfacher Umweltprobleme nicht getan ist,
ist ein zur Umsetzung einer die emissionsmengenorientierte Umweltpolitik ergänzenden innovationsorientierten Umweltpolitik erforderlicher politischer
Konsens zu erwarten. Die Bewältigung komplexer Umweltprobleme erfordert daher auch erhebliche Anstrengungen
auf dem Gebiet der umweltbezogenen Aufklärung der am
politischen Prozeß Beteiligten.

C. Zusammenfassung

Im zweiten Teil dieser Arbeit wurde deutlich, daß bei der Bewältigung komplexer Umweltprobleme andere umweltpolitische Schwerpunkte gesetzt werden sollten als bei der Bewältigung einfacher Umweltprobleme.

Die emissionsmengenbezogene umweltpolitische Zielsetzung ist um eine umwelttechnologiebezogene Zielsetzung zu ergänzen. Der Staat sollte sich in erheblich stärkerem Maß als im Zusammenhang mit einfachen Umweltproblemen befürwortet in aktiver Umweltpolitik engagieren. Die Förderung integrierter Vermeidungstechnologien ist auch und gerade in einer Marktwirtschaft zu einer öffentlichen Aufgabe zu machen. Die Beurteilung umweltpolitischer Lenkungsinstrumente "verschiebt" sich zugunsten von Lösungen mit breiter Emissionsreduktionswirkung und Anreizen zum Einsatz integrierter Vermeidungstechnologie.

Diese Überlegungen wurden in Thesen zusammengefaßt, die abschließend noch einmal im Überblick zusammengestellt seien:

These 1 (S. 106): Eine durch den Nulltarif verzerrte Umweltnutzung sollte bei einfachen Umweltproblemen weitestmöglich durch verursachungsgerechte Kostenzuweisung (-internalisierung) korrigiert werden. Die Übernahme von umweltbezogenen Kosten durch die Allgemeinheit belohnt die dadurch entlasteten umweltschädlichen Aktivitäten und behindert die erforderliche Korrektur von Güterpreisen und Faktorerträgen. Direkte staatliche Aktivität im Umweltschutz ist nur bei geborenen Staatsaufgaben zu rechtfertigen, deren Vorliegen fallweise streng zu prüfen ist.

These 2 (S. 109): Umweltpolitische Eingriffe, die umweltschädliche (umweltschonende) Aktivitäten belasten (entlasten), sollten im Falle einfacher Umweltprobleme direkt und umfassend an den (reduzierten) Emissionen ansetzen. Eine vollständige Erfassung von Emittenten oder von emissionsintensiven Aktivitäten durch die Wahl "emissionsnaher" Ersatzparameter als Bezugsgröße umweltpolitischer Eingriffe induziert demgegenüber suboptimale Anpassungs- und Ausweichreaktionen.

These 3 (S. 142): Instrumente, die eine gleichmäßige, von den Besonderheiten einzelner Emissionsquellen abstrahierende Kostenbelastung bei Emittenten bewirken, sind fallweiser (auflagenorientierter) "Einzelquellenregulierung" aus Gründen der Kosteneffizienz, der umwelttechnischen Dynamik, sowie aus wettbewerbspolitischen Gründen vorzuziehen. Eine eindeutige Rangfolge bezüglich Abgaben- und Zertifikatelösungen kann nicht angegeben werden. Einer praktischen Anwendung von Abgaben- und Zertifikatelösungen stehen politische Durchsetzungsprobleme entgegen, die möglicherweise durch instrumentelle "Einbettung" dieser Instrumente in ein bestehendes Auflagensystem überwunden werden können.

Gegenthese 1 (S. 158): Bei zunehmender Komplexität von Umweltproblemen erweitert sich die Zahl der gemäß Gemeinlastprinzip zu finanzierenden geborenen Staatsaufgaben im Umweltbereich. Neben der Beseitigung eingetretener Schäden, deren Verursacher nicht mehr feststellbar ist (Altlasten), gehören dazu insbesondere die Förderung neuer Verfahren in der "Umweltreparatur" und die umwelttechnologische Entwicklungshilfe.

Gegenthese 2 (S. 165): Die emissionsbezogene Umweltpolitik darf angesichts der Diskrepanz zwischen steuerbarer und tatsächlich umweltwirksamer Emissionen hinsichtlich der Wahl ihrer Eingriffsparameter zur Emissionsreduktion nicht "einäugig" sein. Eine direkt emissionsbezogene Umweltpolitik ist z.B. einer inputbezogenen inländischen Umweltpolitik in ihrer letzt-

lichen Emissionsreduktionswirkung möglicherweise unterlegen. Unabhängig vom konkreten Ansatzpunkt indirekter
umweltpolitischer Steuerung ist jedoch zur Bewältigung
komplexer Umweltprobleme eine auf Emissionsreduktion
gerichtete Umweltpolitik um eine aktive, auf die
Verringerung von Vorverschmutzung und Auslandsemission
gerichtete Umweltpolitik zu ergänzen.

Gegenthese 3 (S. 190): Die Beurteilung umweltpolitischer Instrumente indirekter Steuerung hat bei
komplexen Umweltproblemen vor allem hinsichtlich ihrer
Wirkung auf die Struktur der umwelttechnischen
Entwicklung zu erfolgen. Die Berücksichtigung dieser
Strukturwirkungen wertet die Abgabenlösungen auf und
läßt insbesondere umweltbezogene Verschärfungen des
Haftungsrechts als geeignetes umweltpolitisches Instrument erscheinen.

Angesichts der realen, in Abschnitt I.B.2 ansatzweise
dargestellten Problemdynamik ist die Zeit für eine entsprechende Anpassung der umweltpolitischen Prioritäten
und für eine neue umweltpolitische Offensive knapp, das
von Wicke (1986, S. 232) beschworene (dort allerdings
auf die Bundesrepublik Deutschland beschränkt gedachte)
"grüne Wirtschaftswunder" muß daher bald erfolgen.

Literaturverzeichnis

Andreas, C.M. (1987): Umweltschutz als Teil der Unternehmens-
strategie, in: **H. Meffert, H. Wagner** (Hrsg.), Ökologie und
Marketing, Dokumentationspapier Nr. 38 der wissenschaftlichen Gesellschaft für Marketing und Unternehmensführung,
Münster, S. 34-47.

D'Arge, R.C., Schulze, W.D., Brookshire, D.S. (1982): Carbon
Dioxide and Intergenerational Choice, in: American Economic
Review 72, Papers and Proceedings, S. 251-256.

Arrow, K.J., Fisher, A.C. (1974): Environmental Preservation,
Uncertainty, and Irreversibility, in: The Quarterly Journal
of Economics 88, S. 312-319.

Ayres, R.U., Kneese, A.V. (1969): Production, Consumption and
Externalities, in: American Economic Review 59, S.282-297.

Bailey, M.J. (1982): Risks, Costs and Benefits of Fluorocarbon
Regulation, in: American Economic Review 72, Papers and
Proceedings, S. 247-250.

Baumol, W.J., Oates, W.E. (1971): The Use of Standards and
Prices for Protection of the Environment, in: Swedish
Journal of Economics 73, S. 42-54.

 - (1975): The Theory of Environmental Policy, Englewood Cliffs.

 - (1979): Economics, Environmental Policy and the Quality of
Life, Englewood Cliffs.

Bonus, H. (1972): Über Schattenpreise von Umweltressourcen, in:
Jahrbuch für Sozialwissenschaft 23, S.342-354.

 - (1977/78): Neues Umweltbewußtsein – Ende der Marktwirtschaft?, in: List-Forum 9, S. 3-24.

 - (1981a): Wettbewerbspolitische Implikationen umweltpolitischer Instrumente, in: **H. Gutzler** (Hrsg.), Umweltpolitik
und Wettbewerb, Baden Baden, S. 103-121.

 - (1981b): Instrumente einer ökologieverträglichen Wirtschafts-
politik, in: **H. Chr. Binswanger, H. Bonus, M. Timmermann**
(Hrsg.), Wirtschaft und Umwelt, Stuttgart-Berlin-Köln-
Mainz, S. 84-163.

 - (1981c): Emissionsrechte als Mittel der Privatisierung
öffentlicher Ressourcen aus der Umwelt, in: **L. Wegehenkel**
(Hrsg.), Marktwirtschaft und Umwelt, Tübingen, S. 54-77.

 - (1983): Wirtschaftswachstum, Umweltressourcen und
umweltpolitische Instrumente, in: **L. Wegehenkel** (Hrsg.),
Umweltprobleme als Herausforderung der Marktwirtschaft –
Neue Ideen jenseits des Dirigismus, Köln, S. 19-44.

 - (1984a): Marktwirtschaftliche Konzepte im Umweltschutz,

- (1984b): Zwei Philosophien der Umweltpolitik: Lehren aus der
  amerikanischen Luftreinhaltepolitik, in: List Forum 12,
  S. 323-340.

- (1985): Zertifikate für den letzten Dreck, in: Die Zeit
  22/1985, S. 33-34.

- (1986a): Obstacles to Changing the Incentive System: The Case
  of the Federal Republic of Germany, in: **Balassa,B.** (Hrsg.),
  Economic Incentives, Proceedings of a Conference held by
  the International Economic Association at Kiel, Basing-
  stoke, S. 378-391.

- (1986b): Ökonomisches Umweltverhalten - ein komplexes Lern-
  ziel, in: Siemens AG (Hrsg.), Umweltschutz - Versuch einer
  Systemdarstellung, Berlin-München, S. 45-52.

- (1986c): Eine Lanze für den "Wasserpfennig" - Wider die Vul-
  gärform des Verursacherprinzips, in: Wirtschaftsdienst 66,
  S. 451-455.

- (1987): Illegitime Transaktionen, Abhängigkeit und institu-
  tioneller Schutz, in: Hamburger Jahrbuch für Wirtschafts-
  und Gesellschaftspolitik 32, S. 87-107.

Boulding, K.E. (1970): The Economics of the Coming Spaceship
  Earth, in: Jarret, H. (Hrsg.), Environmental Quality in a
  Growing Economy, 3. Auflage, Baltimore-London, S. 3-14.

Brösse, U. (1986): Wasserzins statt Wasserpfennig!, in: Wirtschaftsdienst 66, S. 566-569.

Brunowsky, R.D., Wicke, L. (1984): Der Öko-Plan, München-Zürich.

Buchholz, W., Cansier, D. (1980): Modelle ökologisch begrenzten
  Wachstums, in: Zeitschrift für Wirtschafts- und Sozialwissenschaft 100, S. 141-161.

Buck, W. (1983): Lenkungsstrategien für die optimale Allokation
  von Umweltgütern, Frankfurt-Bern-New York.

Cansier, D. (1978): Die Förderung des umweltfreundlichen technischen Fortschritts durch die Anwendung des Verursacherprinzips, in: Jahrbuch für Sozialwissenschaft 29, S.145-163.

- (1981): Umweltschutz und Eigentumsrechte, in: **L. Wegehenkel**
  (Hrsg.), Marktwirtschaft und Umwelt, S. 180-207.

- (1983): Steuer und Umwelt: Zur Effizienz von Emissionsabgaben, in: Staatsfinanzierung im Wandel, Schriften des
  Vereins für Socialpolitik, N.F. Bd. 134, S. 765-783.

Coase, R.H. (1960): The Problem of Social Cost, in: Journal of
  Law and Economics 3, S. 1-44.

Collinge, R.A., Oates, W.E. (1982): Efficiency in Pollution
    Control in the Short and Long Runs: A System of Rental
    Emission Permits, in: The Canadian Journal of Economics 15,
    S. 346-354.

Commoner, B. (1973): The Environmental Cost of Economic Growth,
    in: Shurr, S.H. (Hrsg.), Energy, Economic Growth, and the
    Environment, Washington.

Cowling, E., Krahl-Urban, B., Schimanski, Chr. (1987): Wissen-
    schaftliche Hypothesen zur Erklärung der Ursachen, in: H.E.
    Papke, B. Krahl-Urban, K. Peters, Chr. Schimanski (Hrsg.),
    Waldschäden. Ursachenforschung in der Bundesrepublik
    Deutschland und in den Vereinigten Staaten von Amerika,
    Köln.

Demsetz, H. (1964): The Exchange and Enforcement of Property
    Rights, in: Journal of Law and Economics 7, S. 11-26.

 - (1967): Towards a Theory of Property Rights, in: American
    Economiic Review 57, Papers and Proceedings, S.349-357.

Deutsche Physikalische Gesellschaft e.V. (1986): Warnung vor
    einer drohenden Klimakatastrophe, Bad Honnef.

Dierkes, M., Hansmeyer, K.H. (1985): Umwelt und Gesellschaft.
    Beiträge und Empfehlungen zur Rechts-, Politik- und Wirt-
    schaftswissenschaftlichen Analyse von Umweltproblemen, in:
    Zeitschrift für Umweltpolitik 8, S. 1-28.

Ditfurth, H. von (1976): Der Geist fiel nicht vom Himmel, Ham-
    burg.

Dörner, D. (1981): Anatomie von Denken und Handeln, in: DFG-Mit-
    teilungen 3/81, S. 26-29.

Downing, T.E., Kates, R.W. (1982): The International Response to
    the Threat of Chlorofluorocarbons to Atmospheric Ozone,
    American Economic Review 72, Papers and Proceedings,
    S. 267-272.

Downing, P.B., White, L.J. (1986): Innovation in Pollution
    Control, in: Journal of Environmental Economics and
    Management 13, S. 18-29.

Dudenhöffer, F. (1984): Wettbewerbsprozesse und Stand der Tech-
    nik bei auflagenorientierter Umweltpolitik, in: H. Siebert
    (Hrsg.), Intertemporale Allokation, Frankfurt-New York-
    Nancy, S. 493-515.

Elliott, D., Yarrow, G. (1977): Cost-Benefit Analysis and
    Environmental Policy: A Comment, in: Kyklos 30, S. 300-309.

Endres, A. (1977): Die Coase-Kontroverse, in: Zeitschrift für
    die gesamte Staatswissenschaft 133, S. 637-651.

 - (1985): Umwelt- und Ressourcenökonomie, Darmstadt.

Ewers, H.J. (1986): Zur Monetarisierung der Waldschäden in der
     Bundesrepublik Deutschland, in: Kosten der Umweltverschmut-
     zung, Berichte des Umweltbundesamtes, Berlin, S. 9ff.

Faber, M., Niemes, H., Stephan, G. (1983a): Entropie, Umwelt-
     schutz und Rohstoffverbrauch, Berlin-Heidelberg-New York-
     Tokyo.

 - (1983b): Umweltschutz und Input-Output-Analyse, Tübingen.

Fisher, A.C., Krutilla, J.V., Cicchetti, C.J. (1972): The
     Economics of Environmental Preservation: A Theoretical and
     Empirical Analysis, in: American Economic Review 62,
     S. 605-619.

Fisher, A.C., Peterson, F.M. (1976): The Environment in
     Economics: A Survey, in: Journal of Economic Literature 14,
     S. 1-33.

Flassbeck, H., Maier-Rigaud, G. (1982): Umwelt und Wirtschaft,
     Walter Eucken Institut (Hrsg.), Vorträge und Aufsätze 88,
     Tübingen.

Frey, R.L., Gysin, C.H., Leu, R.E., Schmassmann, N. (1985):
     Energie, Umweltschäden und Umweltschutz in der Schweiz,
     Grüsch.

Fuchs, M. (1988): Ist marktwirtschaftliche Umweltpolitik
     unmöglich?, in: Innovatio 5/6 '88, S. 25-26.

Gebauer, H. (1985): Regionale Umweltnutzungen in der Zeit,
     Frankfurt-Bern-New York.

Gerybadze, A. (1982): Innovation, Wettbewerb und Evolution,
     Tübingen.

Gladwin, T.N., Ugelow, J.L., Walter,I. (1982): Approaches to
     International Negotiations on the Chlorofluorocarbon
     Problem, in: H. Siebert (Hrsg.), Global Environmental
     Resources, Frankfurt-Bern, S. 1-55.

Gretschmann, K., Voelzkow, H. (1986): Öko-soziale Steuerreform:
     Ein Ausweg aus der Beschäftigungs- und Umweltkrise?, in:
     Wirtschaftsdienst 66, S. 560-565.

Grossekettler, H. (1978): Wie valide sind Fortschritts-
     indikatoren? Zur Gültigkeit von Messungen des technischen
     Fortschritts in den Branchen der deutschen Industrie, in:
     Jahrbuch für Sozialwissenschaft 29, S. 223-254.

 - (1985): Wettbewerbstheorie, in: Borchert, M., Grossekettler,
     H. (1985): Preis- und Wettbewerbstheorie, Stuttgart-Berlin-
     Köln-Mainz, S. 115-335.

 - (1987): Volkswirtschaftliche Aufgaben von Marktprozessen
     (Marktfunktionen), in: WiSt 16, S. 183-188.

Hartje, V.J. (1985): Umweltprobleme in der dritten Welt. Was kann der Norden tun?, in: Diskussionspapiere des Internationalen Instituts für Umwelt und Gesellschaft des Wissenschaftszentrums Berlin, dp 85-13.

- (1986): Sanierung von Altlasten, in: Diskussionspapiere des Internationalen Instituts für Umwelt und Gesellschaft des Wissenschaftszentrums Berlin, dp 86-3.

Hartje, V.J., Lurie, R.L. (1984): Adopting Rules for Pollution Control Innovations, in: Diskussionspapiere des Internationalen Instituts für Umwelt und Gesellschaft des Wissenschaftszentrums Berlin, dp 84-6.

- (1985): Research and Developement Incentives for Pollution Control Technologies, in: Diskussionspapiere des Internationalen Instituts für Umwelt und Gesellschaft des Wissenschaftszentrums Berlin, dp 85-3.

Hayek, F.A. von (1969): Der Wettbewerb als Entdeckungsverfahren, in: derselbe, Freiburger Studien, Walter Eucken Institut (Hrsg.), Wirtschaftswissenschaftliche und wirtschaftsrechtliche Untersuchungen 5, Tübingen, S. 249-265.

- (1972): Die Theorie komplexer Phänomene, Walter Eucken Institut (Hrsg.), Vorträge und Aufsätze Nr. 36, Tübingen.

Heal, G. (1980): Intertemporal Allocation and Intergenerational Equity, in: Erschöpfbare Ressourcen, Schriften des Vereins für Socialpolitik, N.F. Bd. 108, S. 37-73.

Heilbronner, R.L. (1974): An Inquiry into the Human Prospect, New York.

Herz, H., Schön, M. (1987): Ökonomische Bewertung emissionsmindernder Maßnahmen im Energiebereich, in: FhG-Berichte 1/87, S. 10-14.

Hewett, E.A. (1975): The Economics of East European Technology Imports from the West, in: American Economic Review 65, Papers and Proceedings, S. 377-382.

Hiementz, U., Weiss, F.D. (1984): Das internationale Subventionskarussell. Dabeisein oder Abspringen?, Kieler Diskussionsbeiträge Nr. 98.

Huter, O., Lahl, U., Zeschmar, B. (1985): Umweltpolitik und Tarifgestaltung, in: Zeitschrift für Umweltpolitik 8, S. 181-192.

Intriligator, M.D. (1971): Mathematical Optimization and Economic Theory, Englewood Cliffs.

Jänicke, M. (1985): Preventive Environmental Policy as Ecological Modernisation and Struktural Policy, in: Diskussionspapiere des Internationalen Instituts für Umwelt und Gesellschaft des Wissenschaftszentrums Berlin, dp 85-2.

- (1986): Wirtschaftsstrukturpolitik, in: Umweltentlastung durch wirtschaftlichen Strukturwandel?, in: Materialien zur Tagung des Instituts für ökologische Wirtschaftsforschung (IÖW), Berlin, S. 16-19.

Jänicke, M., Mönch, H., Ranneberg, Th. (1986): Umweltentlastung durch Strukturwandel, Diskussionspapiere des Internationalen Instituts für Umwelt und Gesellschaft des Wissenschaftszentrums Berlin, dp 86-1.

Kantzenbach, E. (1987): Marktwirtschaft und Innovation. Grenzen und Möglichkeiten staatlicher Innovationsförderung in: J. Werner (Hrsg.), Beiträge zur Innovationspolitik, Schriften des Vereins für Socialpolitik, N.F. Bd. 169, S. 27-36.

Kapp, K.W. (1972): Umweltkrise und Nationalökonomie, in: Schweizerische Zeitschrift für Volkswirtschaft und Statistik 108, S. 231-249.

Kellogg, W.W., Schware, R. (1981): Climate and Society. Consequences of Increasing Atmospheric Carbon Dioxide, Boulder, Colorado.

Kennedy, C. (1964): Induced Bias in Innovation and the Theory of Distribution, in: Economic Journal 74, S. 541-547.

Klöckner-Humboldt-Deutz AG (1985a): Verbrennungsverfahren: Mehr denn je im Mittelpunkt der Entwicklungsarbeiten, AE-KV 11/85, Köln.

- (1985b): Stand der Rußfiltertechnologie für Dieselmotoren in Nutzfahrzeugen, AE-ZI 08/85, Köln.

- (1985c): Geschäftsbericht 1985, Köln.

Kneese, A.V., Ayres, R.U., D'Arge, R.C. (1970): Economics and the Environment - A Materials Balance Approach, Washington.

Kosobud, R.F., Daly, T.A. (1984): Global Conflict or Cooperation over the CO_2 Climate Impact?, in: Kyklos 37, S. 638-659.

Krelle, W., Coenen, D. (1985): Theorie des wirtschaftlichen Wachstums, Berlin-Heidelberg-New York-London-Tokyo.

Kruse, J. (1985): Ökonomie der Monopolregulierung, Göttingen.

Küng, E. (1984): Frühaufsteher und Nachzügler der Weltwirtschaft, in: Die Unternehmung 38, S. 181-185.

Kuhl, H. (1987): Umweltressourcen als Gegenstand internationaler Verhandlungen. Eine theoretische Transaktionskostenanalyse, Bern.

Kwerel, E. (1977): To Tell the Truth: Imperfect Information and Optimal Pollution Control, in: Review of Economic Studies 44, S. 595-602.

Lave, L.B. (1982): Mitigating Strategies for Carbon Dioxide Problems, American Economic Review 72, Papers and Proceedings, S. 257-261.

Littmann, K. (1975): Die Chancen staatlicher Innovationslenkung, Göttingen.

Maloney, M.T., McCormick, R.E. (1982): A Positive Theory of Environmental Quality Regulation, in: Journal of Law and Economics 25, S. 99-123.

McCain, R.A. (1978): Endogenous Bias in Technical Progress and Environmental Policy, in: American Economic Review 68, S. 538-546.

McGartland, A.M., Oates, W.E. (1985): Marketable Permits for the Prevention of Environmental Deterioration, in: Journal of Environmental Economics and Management 12, S. 207-228.

Meixner, H. (1980): Technologische Entwicklung und natürliche Reproduktionsgrundlagen, Frankfurt.

Mendelsohn, R. (1984): Endogenous Technical Change and Environmental Regulation, in: Journal of Environmental Economics and Management 11.

Menck, K.W. (1976): Technologietransfer in der Außenwirtschafts- und Entwicklungspolitik - Eine Bestandsaufnahme, in: Probleme der Entwicklungsländer, Vierteljahresberichte. Forschungsinstitut der Friedrich-Ebert-Stiftung Nr. 64, Bonn-Bad Godesberg.

Mensch, O. (1971): Zur Dynamik des technischen Fortschritts, in: Zeitschrift für Betriebswirtschaft 41, S. 295-314.

- (1972): Basisinnovationen und Verbesserungsinnovationen, in: Zeitschrift für Betriebswirtschaft 42, S. 291-297.

Meyer, W. (1983): Entwicklung und Bedeutung des Property Rights-Ansatzes in der Nationalökonomie, in: **A. Schüller** (Hrsg.), Property Rights und ökonomische Theorie, München, S. 1-44.

Mishan, E.J. (1971): The Postwar Literature on Externalities: An Interpretative Essay, in: The Journal of Economic Literature 9, S. 1-28.

Möller, H., Osterkamp, R., Schneider, W. (1981): Umweltökonomik - Ein Überblick zu Einführung in die ökonomische Analyse von Umweltproblemen, München.

Möller, H., Osterkamp, R., Schneider, W. (Hrsg.) (1982): Umweltökonomik - Beiträge zur Theorie und Politik, Königstein.

Mohr, H. (1983): Ökologisches Gleichgewicht und Umweltnutzung, in: **L. Wegehenkel** (Hrsg.), Umweltprobleme als Herausforderung für die Marktwirtschaft - neue Ideen jenseits des Dirigismus, Köln, S. 73-91.

Müller, F.G. (1983): Der Optionswert und seine Bedeutung für die
    Umweltschutzpolitik, in: Zeitschrift für Umweltpolitik 6,
    S. 249-273.

 - (1985): Zur Finanzierung der Altlastensanierung, in: Diskus-
    sionspapiere des Internationalen Instituts für Umwelt und
    Gesellschaft des Wissenschaftszentrums Berlin, dp 85-25.

Müller-Witt, H. (1981): Der "Pollution-Rights Ansatz" und seine
    Auswirkungen auf die amerikanische Luftreinhaltepolitik,
    in: Zeitschrift für Umweltpolitik 4, S. 371-398.

Nordhaus, W. (1973): Some Skeptical Thoughts on the Theory of
    Induced Innovation, in: Quarterly Journal of Economics 88,
    S. 208-219.

 - (1982): How Fast Should We Graze the Global Commons?, in:
    American Economic Review 72, Papers and Proceedings,
    S. 242-246.

Oberender, P. (1987): Marktwirtschaft und Innovation. Grenzen
    und Möglichkeiten staatlicher Innovationsförderung, in: J.
    Werner (Hrsg.), Beiträge zur Innovationspolitik, Schriften
    des Vereins für Socialpolitik, N.F. Bd. 169, S. 9-26.

Oberender, P., Rüter, G. (1987): Innovationsförderung: Einige
    grundsätzliche ordnungspolitische Bemerkungen, in: ORDO 38,
    S. 143-154.

OECD (1980): Environmental Policies for the 1980s, Paris.

Olson, M. (1982a): Environmental Indivisibilities and Infor-
    mation Costs: Fanatism, Agnosticism, and Intellectual
    Progress, in: American Economic Review 72, Papers and
    Proceedings, S. 262-266.

 - (1982b): The Rise and Decline of Nations, New Haven.

Osche, G. (1973): Ökologie, 5. Auflage, Freiburg-Basel-Wien.

Osterkamp, R. (1978): Standards und Steuern als Instrumente ge-
    gen die Verschmutzung der Umwelt, in: Kyklos 31, S. 235-
    257.

Osterkamp, R., Schneider, W. (1982): Zur Umweltökonomik: Einfüh-
    rung und Überblick, in: Möller, H. Osterkamp, R., Schnei-
    der, W. (Hrsg.), Umweltökonomik - Beiträge zur Theorie und
    Politik, Königstein, S. 5-27.

o.V. (1986): Die Klima-Katastrophe, in: Der Spiegel 33/1986,
    S. 122-134.

o.V. (1987): Das Ozon-Loch, in: Der Spiegel 49/1987, S. 262-273.

o.V. (1988): Dreckschleuder im Angebot, in: Die Zeit 4/88,
    S. 28.

Pearce, D. (1976): The Limits of Cost-Benefit Analysis as a
     Guide to Environmental Policy, in: Kyklos 29, S. 97-112.

Peters, H.R. (1987): Selektive Innovationspolitik im Rahmen
     sektoraler Strukturpolitik, in: J. Werner (Hrsg.), Beiträge
     zur Innovationspolitik, Schriften des Vereins für Social-
     politik, N.F. Bd. 169, S. 37-68.

Pethig, R. (1979): Umweltökonomische Allokation mit Emissions-
     steuern, Tübingen.

   - (1982): Reciprocal Transfrontier Pollution, in: H. Siebert
     (Hrsg.), Global Environmental Resources, Frankfurt-Bern,
     S. 57-93.

Pigou, A.C. (1932): The Economics of Welfare, 4. Auflage,
     London.

Plourde, C.G. (1970): A Simple Model of Replenishable Natural
     Resource Exploitation, in: American Economic Review 60,
     S. 518-522.

Pöggeler, H. (1987): Marketing für Umwelttechnologien, in: H.
     Meffert, H. Wagner (Hrsg.), Ökologie und Marketing, Doku-
     mentationspapier Nr. 38 der Wissenschaftlichen Gesellschaft
     für Marketing und Unternehmensführung, Münster, S. 48-62.

Prittwitz, V. (1984): Umweltaußenpolitik: Grenzüberschreitende
     Luftverschmutzung in Europa, Frankfurt.

O'Riordan, T. (1985): Anticipatory Environmental Policy.
     Impediments and Opportunities, in: Diskussionspapiere des
     Internationalen Instituts für Umwelt und Gesellschaft des
     Wissenschaftszentrums Berlin, dp 85-1.

Röpke, J. (1976): Der importierte Fortschritt. Neuerungsimport
     als Überlebensstrategie zentralkoordinierter Systeme, in:
     ORDO 27, S. 223-243.

   - (1980): Probleme des Neuerungstransfers zwischen Ländern
     unterschiedlicher Entwicklungsfähigkeit, in: ORDO 31,
     S.245-279.

Royston, M.G. (1982): Wie man mit Umweltschutz Kasse macht, in:
     Harvard Manager 2, S.56-70.

Samuels, W.S. (1974): The Coase Theorem and the Study of Law and
     Economics, in: Natural Resources Journal 14.

Schäkermann, Th. (1986): Umweltschutz, Umweltverschmutzung und
     Wirtschaftswachstum, München.

Scheele, M., Schmitt, G. (1986): Der "Wasserpfennig": Richtungs-
     weisender Ansatz oder Donquichoterie?, in: Wirtschafts-
     dienst 66, S. 570-574.

Schreiber, H. (1985): Der Preis des Wachstums - oder: Probleme der Umweltpolitik in der Volksrepublik Polen, in: Zeitschrift für Umweltpolitik 8, S.289-322.

Schumann, J. (1987a): Die Unternehmung als ökonomische Institution, in: Das Wirtschaftsstudium (WISU) 16, S.212-218.

- (1987b): East-West Trade and Cooperation. An Appraisal Founded on General Principles of the Theory of International Economic Relations, in: Volkswirtschaftliche Diskussionsbeiträge der Westfälischen Wilhelms-Universität Münster 93.

Schumpeter, J.A. (1950): Kapitalismus, Sozialismus und Demokratie, 2. Aufl., Bern.

Seidel,S., Keyes, D. (1983): Can we Delay a Greenhouse Warming?, Washington.

Siebert, H. (1974): Environmental Protection and International Specialization, in: Weltwirtschaftliches Archiv 110, S. 397-402.

- (1976): Analyse der Instrumente der Umweltpolitik, Göttingen.

- (1977): Environmental Quality and the Gains from Trade, in: Kyklos 30, S. 657-673.

- (1978): Ökonomische Theorie der Umwelt, Tübingen.

- (1981): Praktische Schwierigkeiten bei der Steuerung der Umweltnutzung über Preise, in: L. Wegehenkel (Hrsg.), Marktwirtschaft und Umwelt, Tübingen, S. 28-53.

- (1982a): Nature as a Life Support System, in: Zeitschrift für Nationalökonomie 42, S. 133-142.

- (Hrsg.) (1982b): Global Environmental Resources, Frankfurt-Bern.

- (1982c): Neuere Entwicklungen in der ökonomischen Analyse des Umweltschutzes, in: H. Möller, R. Osterkamp, W. Schneider (Hrsg.), Umweltökonomik - Beiträge zur Theorie und Politik, Königstein, S. 267-283.

- (1982d): Instrumente der Umweltpolitik. Die ökonomische Perspektive, in: H. Möller, R. Osterkamp, W. Schneider (Hrsg.), Umweltökonomik - Beiträge zur Theorie und Politik, Königstein, S. 284-294.

- (1986): Umweltschäden als Problem der Unsicherheitsbewältigung: Prävention und Risikoallokation, Diskussionsbeiträge der Fakultät für Wirtschaftswissenschaft und Statistik der Universität Konstanz, Serie A - Nr. 217.

- (1987a): Die Umwelt in der ökonomischen Theorie, Diskussionsbeiträge der Fakultät für Wirtschaftswissenschaft und Statistik der Universität Konstanz, Serie II - Nr. 35.

- (1987b): The Economics of the Environment, Berlin-Heidelberg-
  New York-London-Paris-Tokyo.

Simonis, U.E. (1984): Preventive Environmental Policy - Concept
  and Data Requirements, in: Diskussionspapiere des Internationalen Instituts für Umwelt und Gesellschaft des Wissenschaftszentrums Berlin, dp 84-12.

Sinn, H.W. (1980): Ökonomische Entscheidungen bei Ungewißheit,
  Tübingen.

Solow, R. (1974): Intergenerational Equity and Exhaustible
  Resources, in: The Review of Economic Studies 41
  (Symposium), S. 29-45.

Springmann, F. (1986): Steuerreform zum Abbau von Arbeitslosig-
  keit und Umweltzerstörung, in: Materialien zur Tagung des
  Instituts für ökologische Wirtschaftsforschung (IÖW),
  Berlin, S. 25-27.

Starbatty, J. (1987): Die ordnungspolitische Dimension der EG-
  Technologiepolitik, ORDO 38, S. 155-181.

Ströbele, W. (1987): Rohstoffökonomik, München.

Ströbele, W., Wacker, H. (1988): Nutzung ökologisch interdependenter natürlicher Ressourcen, erscheint in: H. Siebert
  (Hrsg.), Umweltschutz für Luft und Wasser, Ergebnisse einer
  Tagung der Deutschen Forschungsgemeinschaft vom 19.7.-
  20.7.1987 in Konstanz.

Tietenberg, T.H. (1980): Transferable Discharge Permits and the
  Control of Air Pollution: A Survey and Synthesis, Zeitschrift für Umweltpolitik 1, S. 477-508.

Uhlig, C.A. (1978): Ökologische Krise und ökonomischer Prozess,
  Diessenhofen.

Vitzthum, W. Graf (1987): Technologietransfer und Technologie-
  embargo im Völkerrecht, in: ORDO 38, S. 233-262.

Vogt, W. (1981): Zur intertemporal wohlfahrtsoptimalen Nutzung
  knapper, natürlicher Ressourcen. Eine kontrolltheoretische
  Analyse, Tübingen.

Vorholz, F. (1988): Mehr Schmutz als Schutz, in: Die Zeit
  5/1988, S. 26-27.

Walter, H. (1983): Wachstums- und Entwicklungstheorie, Stutt-
  gart-New York.

Walter, J. (1987a): Regulierung zur Erhaltung der Umwelt, in:
  J. Schumann (Hrsg.), Probleme der Regulierung in den
  Volkswirtschaften Polens und der Bundesrepublik
  Deutschland, Bad Honnef, S. 87-102.

- (1987b): Ein (erneuter) Vergleich von Abgaben- und Zertifikatelösungen im Umweltschutz, in: Zeitschrift für Umweltschutz und Umweltrecht 10, S. 197-205.

Wegehenkel, L. (1980): Coase-Theorem und Marktsystem, Walter
  Eucken Institut (Hrsg.), Wirtschaftswissenschaftliche und
  wirtschaftsrechtliche Untersuchungen 15, Tübingen.

- (1981a): Gleichgewicht, Transaktionskosten und Evolution,
  Tübingen.

- (1981b): Marktsystem und exklusive Verfügungsrechte an
  Umwelt, in: derselbe (Hrsg.), Marktwirtschaft und Umwelt,
  Tübingen, S. 236-270.

Wegener, H. (1976): Technologietransfer von Industriestaaten in
  Entwicklungsländer, in: Europa-Archiv 16, S. 527-538.

Weidner, H. (1985a): Bahnbrechende Gerichtsurteile gegen Umwelt-
  verschmutzer, in: S. Tsuru, H. Weidner (Hrsg.), Ein Modell
  für uns: Die Erfolge der japanischen Umweltpolitik, Köln,
  S. 92-108.

- (1985b): Staatlich geregeltes Entschädigungssystem: Schwefel-
  abgaben für Umweltverschmutzungsopfer, in: S. Tsuru, H.
  Weidner (Hrsg.), Ein Modell für uns: Die Erfolge der
  japanischen Umweltpolitik, Köln, S. 114-132.

- (1985c): Von Japan lernen? Erfolge und Grenzen einer techno-
  kratischen Umweltpolitik, in: S. Tsuru, H. Weidner (Hrsg.),
  Ein Modell für uns: Die Erfolge der japanischen Umweltpolitik, Köln, S. 179-213.

Weimann, J. (1987): Normengesteuerte ökonomische Theorien. Ein
  Konzept nicht empirischer Forschungsstrategien und der
  Anwendungsfall der Umweltökonomie, Frankfurt-New York.

Weißenburger, U. (1985): Umweltprobleme und Umweltschutz in der
  Sowjetunion, in: Osteuropawirtschaft 4/85, S.262-272.

- (1986): Sozialistischer Umweltschmutz. Defizite sowjetischer
  Ökologiepolitik, in: Evangelische Kommentare 4/86, S. 202-
  204.

Weizsäcker, C.Chr. von (1982): Staatliche Regulierung - positive
  und normative Theorie, in: Schweizerische Zeitschrift für
  Volkswirtschaft und Statistik 3, S.325-343.

Wicke, L. (1982): Umweltökonomie, Eine praxisorientierte Einführung, München.

- (1984): Instrumente der Umweltpolitik, in: WiSt 13, S. 75-82.

- (1986): Die ökologischen Milliarden, München.

Wilczynski, P. (1986): Umweltschutz und Außenhandel, in: J. Schumann (Hrsg.), Außenhandel und internationale Finanz- wirtschaft aus der Sicht polnischer und deutscher Ökonomen, Bad Honnef, S. 111-122.

Williamson, O.E. (1985): The Economic Institutions of Capitalism, New York.

Zimmermann, K. (1984): Zeitpräferenzen. Ein interdisziplinärer Ansatz in Theorie und Empirie, Diskussionspapiere des Internationalen Instituts für Umwelt und Gesellschaft des Wissenschaftszentrums Berlin, dp 84-11.

- (1985): "Präventive" Umweltpolitik und technologische Anpassung, Diskussionspapiere des Internationalen Instituts für Umwelt und Gesellschaft des Wissenschaftszentrums Berlin, dp 85-8.

Gesetze und Gesetzentwürfe

Bundesgesetzblatt I (1974): Bundesimmissionsschutzgesetz vom 15. März 1974, S. 721ff.

Bundesgesetzblatt I (1976): Wasserhaushaltsgesetz in der Fassung der Bekanntmachung vom 16. Oktober 1976, S. 3017ff.

Bundesgesetzblatt I (1980): Zwölfte Verordnung zur Durchführung des Bundes-Immissionsschutzgesetzes (Störfall-Verordnung) vom 27. Juni 1980, S. 772ff.

Deutscher Bundesrat (Hrsg.) (1987): Gesetzesantrag des Frei- staates Bayern: Entwurf eines Gesetzes zur Verbesserung der steuerlichen Rahmenbedingungen für umweltfreundliche In- vestitionen, Bundesratsdrucksache 327/87.

Deutscher Bundestag (Hrsg.) (1986): Entwurf eines fünften Gesetzes zur Änderung des Wasserhaushaltsgesetzes, Bundestagsdrucksache 10/3973.